U0185558

# 堤防工程日常维护项目作业指导书

主　编　纪明辉　刘晓寒　郝一峰
副主编　贾金朋　郭　继　刘彩虹
主　审　牛永杰

黄河水利出版社
·郑州·

## 内 容 提 要

本书根据水利工程堤防维修养护的日常项目,参照各项水利工程施工规范,结合工程维护实践,对维修养护的问题分类、质量标准、器械工具、施工材料及处理工艺进行了规范总结。全书共包含混凝土维修、砌石维修、渠堤边坡维修、运行维护道路维修、其他设施维修、建筑物维修等6个章节,收录了62项日常维修项目,内容全面、具体、图文并茂,比较系统地介绍了堤防工程日常维修养护项目的施工工艺。

本书的重点内容是堤防工程的维修养护技术,可作为工程管理人员、维修养护人员和高等职业院校相关专业学生的培训教材和工具书使用。

## 图书在版编目(CIP)数据

堤防工程日常维护项目作业指导书/纪明辉,刘晓寒,郝一峰主编. —郑州:黄河水利出版社,2020.9
ISBN 978-7-5509-2842-8

Ⅰ.①堤… Ⅱ.①纪…②刘…③郝… Ⅲ.①水利工程-堤防-保养-高等职业教育-教材 Ⅳ.①TV871.2

中国版本图书馆 CIP 数据核字(2020)第 196710 号

组稿编辑:王路平　　电话:0371-66022212　　E-mail: hhslwlp@ 126. com
　　　　　田丽萍　　　　　66025553　　　　　912810592@ qq. com

出 版 社:黄河水利出版社　　　　　　　　　　网址:www.yrcp. com
　　地址:河南省郑州市顺河路黄委会综合楼 14 层　　邮政编码:450003
发行单位:黄河水利出版社
　　发行部电话:0371-66026940、66020550、66028024、66022620(传真)
　　E-mail:hhslcbs@ 126. com
承印单位:河南新华印刷集团有限公司
开本:787 mm×1 092 mm　1/16
印张:8.5
字数:200 千字
版次:2020 年 9 月第 1 版　　　　　　　　印次:2020 年 9 月第 1 次印刷

定价:50.00 元

# 前　言

　　为规范堤防工程维护中的日常养护、小修小补等日常维修工作，提高工程维修养护水平，在充分参考国家及行业相关规程、规范文件的基础上，结合现场成熟的维护方法和经验总结，编写了此作业指导书，用于堤防工程维修养护施工作业指导。

　　本书以堤防工程日常维修养护中易发生的常见项目为主，并参考其他输水、引水工程和公路工程中的日常维护问题，按照混凝土工程、砌体工程、道路、房屋、清淤保洁、其他设施等，共划分为6个章节，从维修养护技术角度进行客观分析，基本涵盖了堤防工程维修项目所涉及的主要专业项目。对于单个专业项目，均从问题分类、处理方法、质量标准、施工器械、原材料选取、处理工艺等6个步骤进行阐述和说明，书后附相关图片，对于从事水利工程运行管理、监理、施工等各类人员均具有借鉴和参考作用，对于规范化、标准化开展现场维护工作，提高作业质量和资金使用效益亦有一定意义。

　　全书共分为6章，第1章混凝土维修由纪明辉、赵慧芳、王深毅、雒艳荣编写，第2章砌石维修由纪明辉、刘鹏飞、张卫华编写，第3章渠堤边坡维修由郭继、张卫华、刘彩虹编写，第4章运行维护道路维修由刘晓寒、贾金朋、马成杰、郭付元编写，第5章其他设施维修由刘晓寒、贾金朋、刘彩虹、薛蕾编写，第6章建筑物维修由郝一峰、贾金朋、李旺、赵慧芳编写，附录A土建日常维护项目使用材料特性表由赵慧芳、郭继编写，附录B土建日常维护项目常用设备及工器具示例图由王守明、李丽丽编写，附录C土建日常维护项目现场维护作业图示由贾金朋、刘洋编写。全书由纪明辉、刘晓寒、郝一峰担任主编，由贾金朋、郭继、刘彩虹担任副主编，由牛永杰担任主审，由贾金朋、郭继统稿。

　　因参与本书编写人员的知识和实践经验有限，所写内容难免存在不足，实施过程中可结合实际情况进行调整。衷心期望读者能够提出宝贵意见，今后将根据工程实际和读者意见进行修改完善，以便于再版时修正，在此预致谢意！

编　者

2020 年 7 月

# 目　录

# 第 1 章　混凝土维修

## 1.1　混凝土衬砌板维修

### 1.1.1　混凝土衬砌板裂缝维修

#### 1.1.1.1　问题分类及处理方法

混凝土裂缝按深度可分为表层裂缝、非贯穿性裂缝和贯穿性裂缝三种。根据不同类型的裂缝,分别采取表面涂抹、凿槽嵌缝注胶、水泥基柔性防水材料填充、拆除重建等方法进行处理。

#### 1.1.1.2　质量标准

(1)对于较浅的表层裂缝,一般采用表面涂抹水泥砂浆的方法处理。处理后的表层应与原面板颜色一致并与周边混凝土相适应,避免出现材料结合不好造成的二次开裂,面板表面应清洁,厚度均匀,填充密实。

(2)对于非贯穿性裂缝,采用水泥基柔性防水材料填充处理或凿槽嵌缝注胶处理。处理后的裂缝须有效地防止水体进入面板内部继续破坏内部结构,造成损坏进一步扩大。

(3)因贯穿性裂缝引起错台、隆起、塌陷、滑塌等影响使用功能的,由设计单位提出方案后进行处理。面板以下的结构须修整恢复到设计标准,避免修复过程中破坏面板以下结构,从而对修复后的面板造成破坏,修复或更换后的面板在外观、颜色等方面须与周围面板保持一致。面板表面应清洁,边角整齐,厚度均匀,铺设平整,牢固可靠,填充密实。

#### 1.1.1.3　表层裂缝处理器械工具、材料及工艺

1)器械工具

器械工具包括水泥砂浆搅拌机、手持式水雾喷壶、抹泥刀、油灰刀、钢丝刷、毛刷。

2)材料

所用材料包括高于原混凝土强度等级一个等级的水泥砂浆。

3)处理工艺

(1)基面处理。用钢丝刷和毛刷分别清理缝隙两边 10 cm 的面板表层,除去浮灰、浮浆、杂物等,冲洗干净。

(2)制备水泥浆,搅拌均匀,每次拌料应在 25 min 内用完,使用过程中不得二次加水。

(3)在缝宽<0.2 mm 的裂缝混凝土表面直接涂刷,涂刷范围为裂缝两侧各 10 cm,厚度约 1 mm,涂刷水泥外边线粘贴胶带应为连续直线。

(4)水泥砂浆养护以喷洒水雾为主,保持涂层湿润,养护 3 d 以上。

#### 1.1.1.4 非贯穿性裂缝处理器械工具、材料及工艺

1)器械工具

器械工具包括水泥砂浆搅拌机、手持式水雾喷壶、抹泥刀、油灰刀、钢丝刷、毛刷、滚刷、铁丝钩。

2)材料

所用材料包括水泥基柔性防水材料、高于原混凝土强度等级一个等级的水泥砂浆、聚硫密封胶、胶带、纤维布。

3)处理工艺

(1)用钢丝刷将裂缝两侧各 5 cm、端部各 10 cm 范围内的混凝土表层处理洁净,并洒水润湿使其基面处于表干状态。

(2)用水泥砂浆搅拌机或手提电钻配以搅拌齿进行水泥基柔性防水材料的现场搅拌,搅拌时间比普通砂浆要延长 2~3 min,先预搅拌 2 min,静停 2 min,再二次搅拌 2 min 以便充分搅拌均匀。每次搅拌要适量,根据涂抹速度进行搅拌,搅拌好的砂浆要在 2 h 内用完。

(3)使用毛刷在裂缝两侧及端部涂刷水泥基柔性防水材料。涂刷一遍表干后再次涂刷,涂刷四周保持顺直,必要时两侧粘贴胶带,涂刷总厚度应大于 1 mm,并对表面压实、抹平。

(4)水泥基柔性防水材料凝结后进行自然养护,养护温度不低于 5 ℃。当水泥基柔性防水材料未达到硬化状态时,不得浇水养护或直接受雨水冲刷。

(5)对于裂缝较宽且走向较规则的裂缝,可采用先刷水泥基再贴纤维布等封闭措施处理,或按渠道衬砌伸缩缝的施工工艺填充双组分聚硫密封胶进行封缝处理。

#### 1.1.1.5 凿槽嵌缝注胶处理器械工具、材料及工艺

1)器械工具

器械工具包括钢钎、铁锤、钢丝刷、毛刷、手动打胶枪、铁丝钩。

2)材料

所用材料包括底涂液、聚硫密封胶。

3)处理工艺

(1)沿裂缝方向凿成一个宽 1.0~1.5 cm 的"U"形槽沟,槽深为槽宽的 1.5 倍,且应不小于 2 cm,凿槽尽量相对平顺。

(2)用铁丝钩清除缝内的污物及杂质,并保持缝内干燥。

(3)将混合好的双组分底涂液涂刷在被粘贴表面上,干燥成膜。

(4)按产品使用规定的配合比,将两个组分混合,搅拌均匀,用灰刀或胶枪将配制好的密封胶在接缝两侧先涂抹一层,然后将双组分聚硫密封胶嵌入缝道中间。注胶时,应该压实,填平密封处,防止气泡混入。每条裂缝的灌注工作应连续。

(5)施工质量的检查。密封胶施工完毕后应对接缝进行全面检查,如有漏刮、不平、下垂等现象应及时修补整齐。双组分聚硫密封胶表干时间为 24 h,在双组分聚硫密封胶未充分固化前,应注意保护,防止雨水侵入而降低性能。

#### 1.1.1.6　贯穿性裂缝处理

因贯穿性裂缝引起错台、隆起、塌陷、滑塌等影响使用功能的,由设计单位提出方案进行处理。修复过程中所用到的器械工具和材料根据方案进行配备。

#### 1.1.1.7　施工注意事项和安全防护措施

(1)在水泥砂浆、聚硫密封胶未充分固化前,应注意保护,防止雨水和渠水侵入而降低性能。

(2)施工过程中注意回收材料弃渣和混凝土废渣,防止废料进入渠道内部污染水体。

(3)水泥砂浆拌制过程中须进行防污保护,杜绝砂浆在拌制、运输、施工过程中洒落,对其他建筑物造成污染。

(4)所有参与现场施工的人员必须穿戴救生衣,参与具体操作的人员必须佩戴好安全绳才能进入衬砌面板工作面,密封胶施工过程中,人员必须佩戴手套和护目镜,以防腐蚀损伤皮肤和重要器官。

(5)修补胶等材料为易燃物品,施工过程中禁止产生明火,禁止施工人员抽烟。

### 1.1.2　有防渗功能及岩石段的钢筋混凝土衬砌板裂缝维修

#### 1.1.2.1　问题分类及处理方法

衬砌板裂缝按形态可分为三种:①缝宽<0.2 mm;②缝宽>0.2 mm;③单块衬砌面板上有 3 条以上贯穿性裂缝或因贯穿性裂缝引起错台、隆起、塌陷、滑塌等影响使用功能的情况。根据不同类型的裂缝,分别采取表面封闭工艺、先灌浆后进行表面封闭工艺、拆除重建进行处理等措施。

#### 1.1.2.2　质量标准

(1)对于裂缝缝宽<0.2 mm 的情况,一般采用涂抹 PUA 聚脲弹性涂料进行处理。处理后的表层应与混凝土相适应,避免出现材料结合不好造成的二次开裂,修补处表面平顺,厚度均匀,填充密实。

(2)对于裂缝缝宽>0.2 mm 的情况,一般先灌浆后进行表面封闭处理。处理后的裂缝须有效地防止水体进入面板内部继续破坏内部结构及腐蚀钢筋,造成损坏进一步扩大。修补后的表层应与周边混凝土相适应,避免出现材料结合不好造成的二次开裂,面板表面清洁,厚度均匀,填充密实。

混凝土裂缝灌浆质量保证措施:

(1)进行裂缝的观测,以确定布设压浆嘴的间距,缝窄间距较大,会无法压满。

(2)事先确定用浆量,配制过多造成浪费,此过程由专业人士控制。

(3)压浆嘴的粘贴一定要仔细;否则极容易在压力下跑浆及冲开压浆嘴,并且会堵塞压浆嘴,无法压浆。

(4)压浆过程严格按操作规程进行,压力由小到大逐渐提高,防止造成冲浆现象。

(5)如果压浆不进,可能原因有:浆液过于黏稠,此时应酌情减少固化剂的用量或增加稀释剂用量;浆液中有杂物或有嘴子被堵塞,孔已压满。

(6)如果压浆时喷浆,浆液可能从嘴子边缘或封闭薄弱的地方喷出,严重时,会把嘴子鼓掉,浆液喷到人身上、脸上。如发生以上情况可用水玻璃拌水泥,抹到喷浆的地方,再用低风压浆。如果嘴子掉了,用腻子堵死,待硬化后再压。

(7)用压缩空气或压力水检查灌浆是否密实。

因贯穿性裂缝引起错台、隆起、塌陷、滑塌等影响使用功能的,由设计单位提出方案进行处理。面板以下的结构须修整恢复到设计标准,避免修复过程中破坏面板以下结构,从而对修复后的面板造成破坏,修复或更换后的面板从外观、颜色等方面须与周围面板保持一致。

### 1.1.2.3　表面封闭处理器械工具、材料及工艺

1)器械工具

器械工具包括钢刷、抹泥刀、油灰刀、毛刷、砂轮打磨机。

2)材料

所用材料包括 PUA 聚脲弹性涂料、界面处理剂。

3)处理工艺

(1)裂缝表面清理。利用砂轮打磨机对混凝土表层的浮浆和起砂层进行打磨,混凝土新鲜坚硬面出露后,用钢刷对裂缝两侧各 5 cm 范围进行打磨,再用毛刷除去打磨后表面的浮尘,清扫或冲洗干净,要求清理后的表面无浮尘、无杂质。

(2)表面清理完成后,用刷子将界面处理剂涂刷在处理好的基面上,处理剂无显迹后即可进行 PUA 聚脲弹性涂料的施工,涂料在使用前应过滤,除去杂质和结块。

(3)涂层施工。先将拌和好的涂料倒在工作面上,用抹子均匀刮涂推平,边刮边推,衔接无痕,刮涂厚度在 1 mm 左右。

(4)PUA 聚脲弹性涂料刮抹分 2 道进行,2 道涂层应横竖交替进行,第 1 道涂层完成后 4~5 h 可进行第 2 道涂层的施工。

(5)施工结束后及时清理工作面上残留的多余涂料,待涂料完全凝固后对其宽度进行检查,切割较宽部位的多余涂料,保持分缝宽度一致。

### 1.1.2.4　先灌浆后进行表面封闭处理器械工具、材料及工艺

1)器械工具

器械工具包括钢刷、抹泥刀、油灰刀、毛刷、灌浆盒、空压机、角磨机、平面磨砂机、吹风机、剪刀、錾子、压浆罐。

2)材料

所用材料包括环氧涂料、环氧浆液、PUA 聚脲弹性涂料。

3)处理工艺

(1)混凝土上较细(<0.3 mm)的裂缝,可用钢丝刷等工具清除裂缝表面的灰尘、白灰、浮渣及松散层等污物,然后用毛刷蘸甲苯、酒精等有机溶液,把沿裂缝两侧 5 cm 范围擦洗干净并保持干燥,且要无浮尘、无杂质。

混凝土上较宽(>0.3 mm)的裂缝,应沿裂缝用钢钎或风镐凿成“V”形槽,槽宽与槽深可根据裂缝深度和有利于封缝的要求来确定。凿槽时先沿裂缝打开,再向两侧加宽,凿完后用钢丝刷及压缩空气将混凝土碎屑粉尘清除干净。

(2)清理完成后粘贴灌浆盒,粘贴时注意将进浆嘴对准裂缝,灌浆盒间距一般为 20~

50 cm,视裂缝大小而定。灌浆盒粘贴完成后,用环氧涂料刷涂整条缝面 2 遍,以封闭裂缝表面。

(3)待封缝材料达到一定强度后,即可灌注环氧浆液,视具体情况,可单点灌注也可采用多点同时灌注,灌注顺序应自下而上进行。灌浆压力一般为 0.3~0.5 MPa,直至不再有浆液灌入,停浆 5 min 后停止灌浆。

(4)灌浆结束 48 h 后可除去灌浆盒,并用钢刷、毛刷再次进行缝面清理,除去原涂刷的环氧封缝材料,清理完成后再用 PUA 聚脲弹性涂料进行表面处理,处理方法同缝宽<0.2 mm 裂缝的处理方法。

4)注意事项

(1)混凝土结构裂缝修补用的化学灌浆材料应符合下列要求:浆液的黏度小,可灌性好。浆液固化后的收缩性小,抗渗性好。浆液固化后的抗压强度、抗拉强度高,有较高的黏结强度。浆液固化时间可以调节,灌浆工艺简单。浆液应为无毒或低毒材料。

(2)化学灌浆材料主要有环氧树脂和甲基丙烯酸酯类材料,在工程中应用时浆液应进行试配。其可灌性和固化时间应满足设计、施工要求。

(3)环氧树脂灌浆材料的甲基丙烯酸酯类灌浆材料的组成原材料质量均应符合有关规定要求。

(4)水泥浆、水泥砂浆的配方应先进行试配,并检验其抗压强度、抗拉强度、抗弯强度。

(5)安全、环境保护措施。化学灌浆材料多属易燃品,应密封储存,远离火源;在配制及使用现场,必须通风良好,操作人员应穿工作服,戴防护口罩、乳胶手套和眼镜,并严禁在现场进食;工作场地严禁烟火,并必须配备消防设施;加强安全意识,严格佩戴防护用品,防止浆液喷人,并加强高空安全防护。

### 1.1.2.5　拆除重建裂缝处理

因贯穿性裂缝引起错台、隆起、塌陷、滑塌等影响使用功能的,由设计单位提出方案进行处理。修复过程中所用到的器械工具和材料根据方案进行配备。

### 1.1.2.6　施工注意事项和安全防护措施

(1)在环氧浆液、PUA 聚脲弹性涂料未充分固化前,应注意保护,防止雨水和渠水侵入而降低性能。

(2)施工过程中注意防止固体废料和液体修补材料进入渠中污染水体。

(3)修补材料拌制过程中须进行防污保护,杜绝在拌制、运输、施工过程中洒落,对其他建筑物造成污染。

(4)如出现缝宽>0.2 mm 的贯穿性裂缝,未探明腔内是否出现空蚀等情况时,严禁采用贯穿面板的灌注水泥类浆液处理方案,防止引起混凝土面板凸起事故发生。

(5)所有参与现场施工的人员必须穿戴救生衣,参与具体操作的人员必须佩戴好安全绳才能进入衬砌面板工作面。密封胶施工过程中,人员必须佩戴手套和护目镜,以防腐蚀、损伤皮肤和重要器官。

### 1.1.3 混凝土表面破损处理

#### 1.1.3.1 问题分类及处理方法

渠道衬砌混凝土表面破损按破坏类别可分为冻胀破坏、侵蚀破坏、非正常情况严重破损三种。根据损坏类型,分别采取人工抹压环氧砂浆方法、拆除重建进行处理。

#### 1.1.3.2 质量标准

对混凝土衬砌面板表层发生剥蚀部位采用人工进行凿毛,露出密实混凝土后,采用人工抹压环氧砂浆的方法进行处理。处理后的表层应与原面板颜色一致并与周边混凝土相适应,避免出现材料结合不好造成的二次开裂,面板表面清洁,厚度均匀,填充密实。主要用于深度<2 cm的混凝土表面缺陷部位,一次涂抹的面积不超过1.5 m×3 m。

环氧砂浆质量控制标准:

(1)表观控制。平整光滑,无龟裂,接缝横平竖直无错台。

(2)温度控制与检测。施工和养护期间温度控制在15 ℃以上;当环境温度低于15 ℃时,不得施工,除非采取加热措施使作业区域内温度升高到15 ℃以上。半成品存放处应防潮、防晒、防水,温度控制在35 ℃以下。作业面设专人进行多点测试,24 h连续检测,每2 h一次。

(3)环氧砂浆力学控制指标。抗压强度≥60 MPa;与混凝土面的黏结强度≥2.5 MPa。

因非正常情况产生的严重破损,由设计单位提出方案进行处理。面板以下的结构须修整恢复到设计标准,避免修复过程中破坏面板以下结构,从而对修复后的面板造成破坏。修复或更换后的面板从外观颜色等方面须与周围面板保持一致。

#### 1.1.3.3 人工抹压环氧水泥砂浆处理器械工具、材料及工艺

1)器械工具

器械工具包括水泥砂浆搅拌机、手持式水雾喷壶、抹泥刀、油灰刀、钢丝刷、毛刷、扁凿、铁锤。

2)材料

所用材料包括环氧砂浆、水泥净浆。

3)处理工艺

(1)施工前,首先将表面存在剥蚀、麻面等缺陷的不符合要求部位的混凝土凿除至坚硬的混凝土面,凿除深度不小于0.7 cm。大面积区域用钢丝刷和高压风清除松动颗粒和粉尘,小面积区域可采用钢丝刷和棕毛刷进行洁净处理。对局部潮湿的基面还需进行干燥处理,干燥处理采用自然风干。

(2)清除凿除面污物、粉尘、碎块及松动混凝土,然后用清水冲洗干净,在施工前1 h要使修补面处于饱和状态,不应有积水。在环氧砂浆修补前,在混凝土基面上涂刷一层环氧基液,以增强修补环氧砂浆与混凝土的黏结强度。基液拌制后,用毛刷均匀地涂在基面上,要求基液刷得尽可能薄而均匀,不流淌、不漏刷。基液拌制应现拌现用,以免因时间过长而影响涂刷质量,造成材料浪费和黏结质量降低。同时应坚持涂刷基液和涂抹环氧砂浆交叉进行的原则,以确保施工进度和施工质量。基液涂刷后静停40 min左右,手触有

拉丝现象,方可涂抹环氧砂浆。

(3)将拌制好的环氧砂浆用抹刀按设计要求的厚度涂抹到已刷好基液的基面上,涂抹时尽可能同方向连续摊料,并注意衔接处压实排气。边涂抹、边压实找平,表面提浆。涂层压实提浆后,间隔 2 h 左右,再次抹光。立面修补时,特别注意与混凝土面的结合质量,防止脱空和下坠。厚度较大时分层抹压。

(4)环氧砂浆表面略干后喷水雾养护,终凝后洒水养护,持续 7 d 以上,注意遮阳、保湿。养护期间要注意防止环氧砂浆表面被水浸湿、被人员践踏或被重物撞击。当养护环境温度低于 15 ℃时,还需用加热器进行加热保温养护。

#### 1.1.3.4　非正常情况严重破损处理

因非正常情况产生的严重破损,由设计单位提出方案进行处理。修复过程中所用到的器械工具和材料根据方案进行配备。

#### 1.1.3.5　施工注意事项和安全防护措施

(1)在水泥砂浆未充分固化前,应注意保护,防止阳光直射、雨水和渠水浸入而降低性能。

(2)施工过程中注意回收凿除的混凝土弃渣和水泥砂浆废渣,防止废料进入渠道内部污染水体。

(3)水泥砂浆拌制过程中须进行防污保护,杜绝砂浆在拌制、运输、施工过程中撒落,对其他建筑物造成污染。

(4)所有参与现场施工的人员必须穿戴救生衣,参与具体操作的人员必须佩戴好安全绳才能进入衬砌面板工作面。

# 1.2　建筑物普通钢筋混凝土裂缝维修

## 1.2.1　宽度<0.2 mm 裂缝维修

#### 1.2.1.1　处理方法

由于建筑物普通钢筋混凝土施工不规范和本身变形、约束等一系列问题,硬化成型的混凝土中存在许多微裂缝。微裂缝通常是一种无害裂缝,对混凝土的承重、防渗及其他一些使用功能不产生危害。缝宽<0.2 mm 的裂缝属于微裂缝,根据裂缝特性采取表面封闭工艺和表面粘贴工艺进行处理。

#### 1.2.1.2　质量标准

(1)对于缝宽<0.2 mm 的裂缝采用抹压环氧砂浆处理。处理后的表层应与混凝土相适应,避免出现材料结合不好造成的起皮、二次开裂,处理后的位置表面清洁,厚度均匀,填充密实。

(2)对于缝宽<0.2 mm 的裂缝采用表面粘贴处理。处理后的贴片应与混凝土相适应,避免出现材料结合不好造成的起皮、二次开裂,处理后的位置表面清洁,厚度均匀,平整顺滑。

### 1.2.1.3 表面封闭处理器械工具、材料及工艺

1) 器械工具

器械工具包括水泥砂浆搅拌机、手持式水雾喷壶、抹泥刀、油灰刀、钢丝刷、毛刷、扁凿、铁锤。

2) 材料

所用材料包括脱脂棉、酒精、环氧浆液、环氧砂浆。

3) 处理工艺

(1) 使用钢刷打磨裂缝四周不小于 20 mm 的范围,目的是清除混凝土表面碳化部分和污染物,打磨深度为 2 mm。大面积区域用钢丝刷和高压风清除松动颗粒和粉尘,小面积区域可采用钢丝刷和棕毛刷进行洁净处理。

(2) 用毛刷清除浮灰,再用脱脂棉蘸酒精擦洗打磨过的区域,以去除混凝土粉末和灰尘。环氧砂浆修补前,在混凝土基面上涂刷一层环氧基液,以增强修补环氧砂浆与混凝土的黏结强度。基液拌制后,用毛刷均匀地涂在基面上,要求基液刷得尽可能薄而均匀,不流淌、不漏刷。基液应现拌现用,以免因时间过长而影响涂刷质量,造成材料浪费和黏结质量降低。同时坚持涂刷基液和涂抹环氧砂浆交叉进行的原则,以确保施工进度和施工质量。基液涂刷后静停 40 min 左右,手触有拉丝现象,方可涂抹环氧砂浆。

(3) 调配环氧砂浆。环氧树脂和固化剂的比例按固化剂的使用要求进行调配。取环氧砂浆 A 组分倒入拌和机内,初拌 1 min 后停机,将 B 组分徐徐加入拌和机内,搅拌均匀(需 7~10 min)即可供施工使用。用量少的情况下也可人工拌制。当因施工面积所限,整桶拌和造成浪费时,可进行非整桶拌和,根据材料使用说明书按比例配制环氧砂浆。

(4) 在裂缝周边打磨区域表面涂刷一层环氧浆液,以利于后抹材料与混凝土的结合。用专用抹压工具将调配好的环氧砂浆抹压于裂缝表面,待砂浆固化后对修补位置根据周围情况进行粉刷装饰。将拌制好的环氧砂浆用抹刀按设计要求的厚度涂抹到已刷好基液的基面上,涂抹时尽可能同方向连续摊料,并注意衔接处压实排气。边涂抹、边压实找平,表面提浆。涂层压实提浆后,间隔 2 h 左右,再次抹光。立面修补时,特别注意与混凝土面的结合质量,防止脱空和下坠。厚度较大时分层抹压。

(5) 环氧砂浆表面略干后喷水雾养护,终凝后洒水养护,持续 7 d 以上,注意遮阳、保湿。养护期间要注意防止环氧砂浆表面被水浸湿、被人员践踏或被重物撞击。当养护环境温度低于 15 ℃时,还需用加热器进行加热保温养护。

### 1.2.1.4 表面粘贴处理器械工具、材料及工艺

1) 器械工具

器械工具包括钢刷、抹泥刀、油灰刀、毛刷。

2) 材料

所用材料包括胶黏剂、橡胶片材、聚酯乙烯片材。

3) 处理工艺

(1) 用钢刷和毛刷清除表面附着物和污垢,并凿毛、冲洗干净。

(2) 粘贴片材前使基面干燥,并涂刷一层胶黏剂,再加压粘贴刷有胶黏剂的片材。

#### 1.2.1.5　施工注意事项和安全防护措施

（1）在环氧砂浆、胶黏剂未充分固化前,应注意保护,防止雨水和渠水浸入而降低性能。

（2）打磨掉的建筑弃渣等废料应及时回收并进行清理。

（3）修补材料拌制过程中须进行防污保护,杜绝在拌制、运输、施工过程中撒落,对其他建筑物造成污染。

（4）施工用架严格按照脚手架安全技术防护标准和规范搭设。

（5）所有参与现场施工的人员必须佩戴安全帽,如果涉及高空作业,必须佩戴安全缆绳。

### 1.2.2　宽度>0.2 mm 裂缝的维修

#### 1.2.2.1　处理方法

在混凝土受到荷载、温差等作用之后,微裂缝就会不断扩展和连通,最终形成肉眼可见的宏观裂缝,也就是施工过程中常说的塑性裂缝和干缩裂缝。缝宽>0.2 mm 的裂缝分为静止裂缝、活动裂缝和正在发展的裂缝。根据裂缝特性采取表面凿槽封闭工艺、开槽粘贴工艺和压力注胶工艺进行处理。

#### 1.2.2.2　质量标准

（1）对于缝宽>0.2 mm 的裂缝,属于静止裂缝的,一般采用混凝土表面凿槽后抹压环氧砂浆处理。修补后的砂浆应与原混凝土结合良好,避免出现材料结合不好造成的起皮、二次开裂,处理后的位置表面清洁,厚度均匀,填充密实。

（2）对于缝宽>0.2 mm 的裂缝,属于静止裂缝的,可采用开槽粘贴法进行处理。修补后的贴片应与原混凝土结合良好,避免出现贴片材料结合不好造成的起皮、二次开裂,处理后的位置表面清洁,厚度均匀,平整顺滑。

（3）对于缝宽>0.2 mm 的裂缝,属于活动裂缝或正在发展的裂缝,一般采用压力注胶工艺处理。处理后的裂缝应完全被胶体填充,并与混凝土结合紧密,避免出现材料结合不好造成的二次开裂、脱胶,处理后的位置表面清洁,厚度均匀,填充密实。

#### 1.2.2.3　表面凿槽封闭工艺处理器械工具、材料及工艺

1）器械工具

器械工具包括钢刷、抹泥刀、油灰刀、毛刷、铁钎、锤头、电锤。

2）材料

所用材料有脱脂棉、酒精、环氧浆液、环氧砂浆。

3）处理工艺

（1）使用电锤或钢钎沿裂缝走向在混凝土表面凿槽,槽宽和槽深根据裂缝深度和有利于封缝的深度来确定,一般以槽深大于或等于裂缝深度,槽宽不小于 20 mm 为宜。凿槽时注意应先沿裂缝打开,再向两侧加宽。

（2）使用钢刷打磨裂缝四周不小于 20 mm 的范围,目的是清除混凝土表面碳化部分和污染物,打磨深度为 2 mm。

（3）用毛刷清除浮灰,再用脱脂棉蘸酒精擦洗打磨过的区域,以去除混凝土粉末和

灰尘。

(4)调配环氧砂浆,要求环氧树脂和固化剂的比例按固化剂的使用要求进行调配。

(5)在裂缝周边打磨区域表面涂刷一层环氧浆液,以利于后抹材料与混凝土的结合。

(6)用专用抹压工具将调配好的环氧砂浆抹压于裂缝表面,待砂浆固化后对修补位置根据周围情况进行粉刷装饰。

#### 1.2.2.4　压力注胶工艺处理器械工具、材料及工艺

1)器械工具

器械工具包括钢刷、毛刷、灌浆器。

2)材料

所用材料有环氧胶泥、环氧树脂基液、裂缝修补胶。

3)处理工艺

(1)在裂缝交叉处、较宽处、端部及裂缝贯穿处,当缝隙小于1 mm时埋设的灌浆盒间距为350~500 mm,当裂缝缝隙大于1 mm时为500~1 000 mm。

(2)埋设时,先在灌浆盒的底盘上抹一层厚约1 mm的环氧胶泥,将灌浆的进浆口骑缝粘在预定位置上。

(3)封缝采用封缝胶,先在裂缝两侧(宽20~30 mm),涂一层环氧树脂基液,后抹一层厚1 mm左右,宽20~30 mm的封缝胶。抹胶泥时应防止产生小孔和气泡,要挂平整,保证封闭可靠。

(4)裂缝封闭后应进行压气试漏,检查密闭效果。试漏需待封缝胶泥有一定强度时进行,试漏前沿裂缝涂一层肥皂水,从灌浆口通入压缩空气,凡漏气处应予以修补密封至不漏为止。

(5)灌浆采用裂缝修补胶,根据裂缝区域大小,可采用单孔灌浆或分区群孔灌浆,在一条裂缝上灌浆可由一端到另一端。

(6)灌浆时压力应逐渐升高,防止骤然加压,达到规定压力后,保持压力稳定,以满足灌浆要求,待下一个排气孔出浆时应立即停止对灌浆泵的压力。

(7)待缝内浆液达到初凝而不外流时,可拆下灌浆嘴,再用封缝胶的灌浆液把灌浆嘴处抹平封口。

(8)灌浆结束后,应检查补强效果和质量,发现缺陷应及时补救,确保工程质量。

#### 1.2.2.5　施工注意事项和安全防护措施

(1)在修补胶未充分固化前,应注意保护,防止雨水和渠水浸入而降低性能。

(2)打磨掉的建筑弃渣等废料应及时回收并进行清理。

(3)修补材料拌制过程中须进行防污保护,杜绝在拌制、运输、施工过程中撒落,对其他建筑物造成污染。

(4)施工用架严格按照脚手架安全技术防护标准和规范搭设。

(5)所有参与现场施工的人员必须佩戴安全帽,如果涉及高空作业,必须佩戴安全缆绳。

(6)修补胶等材料为易燃物品,施工过程中禁止产生明火,禁止施工人员抽烟。

# 1.3 建筑物预应力混凝土裂缝维修

(1) 裂缝宽度小于 0.2 mm 的,可采用表面喷涂环氧砂浆封闭处理。

(2) 裂缝宽度大于或等于 0.2 mm 的,按照设计单位提出的方案进行处理。

# 1.4 建筑物混凝土破损、剥蚀等损坏维修

## 1.4.1 混凝土表面轻微损坏维修

### 1.4.1.1 处理方法

建筑物混凝土表面轻微损坏主要指混凝土表面蜂窝麻面、剥蚀等。混凝土表面轻微损坏时,可采取人工抹压环氧砂浆方法进行处理。

### 1.4.1.2 质量标准

对建筑物混凝土表层发生破损部位采用人工进行凿毛,露出密实混凝土后,采用人工抹压环氧砂浆进行处理。处理后的表层应与周边混凝土颜色一致并相适应,避免出现材料结合不好造成的二次开裂,面板表面清洁,厚度均匀,填充密实。

### 1.4.1.3 人工抹压环氧砂浆处理器械工具、材料及工艺

1) 器械工具

器械工具包括水泥砂浆搅拌机、手持式水雾喷壶、抹泥刀、油灰刀、钢丝刷、毛刷、扁凿、铁锤。

2) 材料

所用材料包括环氧砂浆、界面剂。

3) 处理工艺

(1) 施工前,首先将表面存在剥蚀、麻面等缺陷的不符合要求部位的混凝土凿除至坚硬的混凝土面,凿除深度不小于 0.7 cm。为使修补面边缘与混凝土有良好的结合,修补面均应凿成毛面,并在修补区边缘凿出一道 3~5 cm 深的齿槽,以增加环氧砂浆与混凝土之间的结合。

(2) 清除凿除面污物、粉尘、碎块及松动混凝土,然后用清水冲洗干净,在施工前 1 h 要使修补面处于饱和状态,不应有积水。

(3) 先用界面剂在混凝土面进行涂抹打底,再摊铺环氧砂浆,摊铺时向同一方向抹压,保证表面密实。厚度较大时分层抹压。

(4) 环氧砂浆表面略干后喷雾养护,终凝后洒水养护,持续 7 d 以上,注意遮阳、保湿。

### 1.4.1.4 施工注意事项和安全防护措施

(1) 在水泥砂浆未充分固化前,应注意保护,防止雨水和渠水浸入而降低性能。

(2) 施工过程中注意回收凿除的混凝土弃渣和水泥砂浆废渣,防止废料污染周围建筑设施。

(3) 水泥砂浆拌制过程中须进行防污保护,杜绝砂浆在拌制、运输、施工过程中洒落,

对其他建筑物造成污染。

（4）施工用架严格按照脚手架安全技术防护标准和规范搭设。

（5）所有参与现场施工的人员必须佩戴安全帽，如果涉及高空作业，必须佩戴安全缆绳。

## 1.4.2　破损面积较大混凝土维修

### 1.4.2.1　处理方法

建筑物钢筋混凝土较大面积损坏主要有破损露筋、空洞、非正常情况严重破损等。根据损坏程度，分别采取人工凿除浇筑混凝土、拆除重建的方式进行处理。

### 1.4.2.2　质量标准

（1）对破损混凝土部位采用人工进行凿毛，露出密实混凝土后，对露筋处钢筋进行除锈处理，支模板进行浇筑。处理后的表层应与原面板颜色一致并与周边混凝土相适应，避免出现材料结合不好造成的二次开裂，修补处表面清洁，厚度均匀，填充密实，强度达标。

（2）因非正常情况产生的严重破损，由设计单位提出方案进行处理。对于严重破损无法进行修补来满足正常使用要求的部位，采取拆除重建方法处理，重建后的部位从外观、颜色等方面须与周围面板保持一致。

### 1.4.2.3　人工凿除浇筑混凝土处理器械工具、材料及工艺

1）器械工具

器械工具包括水泥砂浆搅拌机、软皮管、钢丝刷、毛刷、扁凿、铁锤、模板、振捣器、打磨机。

2）材料

所用材料有水泥砂浆、早强型微膨胀细石混凝土、塑料薄膜。

3）处理工艺

（1）凿除。在凿除的过程中最应该注意的一点是防止对结构整体的扰动，所以凿除时必须用人工进行凿除，在原露筋处仔细打凿所有的松散混凝土，钢筋下面的混凝土至少清除 2 cm。用钢丝刷刷去钢筋上余留的泥浆，将柱内垃圾清除干净并用清水冲洗。

（2）支模。支模前先将凿除的混凝土碎片清理干净，在支模时预先在模板的顶部留置进料口和振捣口，进料口高出修补处 50 cm，等混凝土达到一定强度后再人工凿除。在支模时搭好作业平台，以便混凝土施工。

（3）保湿。在支模后开始对原混凝土进行保湿，在模板内塞满湿润了的麻袋（或旧衣服等吸水性能强的材料），做到每 2 h 对其浇水一次，保证下部混凝土的湿润，待混凝土湿润 24 h 后方可浇筑。

（4）浇筑。在模板验收合格，原混凝土湿润透后再进行新混凝土的浇捣。把模板内的麻袋取出并用水再次冲洗干净。在浇捣前先用 1∶1 的水泥砂浆接浇，以保证新浇捣混凝土的性能与质量。新浇捣的混凝土应该采用同一品牌且比原混凝土高一个强度等级的早强型微膨胀细石混凝土进行浇筑，为了防止混凝土出现收水现象，新浇捣的混凝土应该采用微膨胀混凝土进行浇筑，坍落度控制在 60~80 mm。振捣采用插振动器，用模内外振捣法振捣，一般每点振捣时间为 20~30 s，过短不易捣实，过长可能会使混凝土产生离析

现象,还可能使模板变形影响混凝土感观质量。浇捣完成应以混凝土表面呈水平、不再显著下沉、无气泡外溢、表面出现灰浆为准,并保证新浇混凝土密实且和原混凝土接触良好。

(5)拆模。混凝土达到一定强度后方可拆模,模板拆除后,用人工轻轻打凿多余的混凝土,防止破坏混凝土结构,并进行磨光处理。

(6)养护。混凝土浇捣完成后对新浇筑的混凝土进行养护,做到每 1 h 内浇水一次使新浇的混凝土快速水化,在新浇混凝土达到一定强度后方可拆模。拆模后再将塑料薄膜覆盖在修补处,使塑料薄膜和修补处接触良好,持续养护 7 d,使新浇捣的混凝土完全水化。

#### 1.4.2.4　非正常情况严重破损处理

因非正常情况产生的严重破损导致无法进行修补,且建筑物不能满足正常使用功能的,由设计单位提出方案进行处理。修复过程中所用到的器械工具和材料根据设计方案进行配备。

#### 1.4.2.5　施工注意事项和安全防护措施

(1)在水泥砂浆、混凝土未充分固化前,应注意保护,防止雨水和渠水浸入而降低性能。

(2)施工过程中注意回收凿除的混凝土弃渣和水泥砂浆废渣,防止废料污染周围建筑设施。

(3)水泥砂浆和混凝土拌制过程中须进行防污保护,杜绝砂浆在拌制、运输、施工过程中撒落,对其他建筑物造成污染。

(4)施工重型车辆进入作业区域前须向管理单位进行报备审批,待审批同意后方可进入作业区域,避免出现施工车辆阻碍正常工作的情况发生。

(5)参与浇筑混凝土的施工人员不得随意进入工作区域的建筑物内,造成地板污染,如须进入应提前请示,得到批准后,佩戴鞋套方可进入。

(6)施工用架严格按照脚手架安全技术防护标准和规范搭设。

(7)所有参与现场施工的人员必须佩戴安全帽,如果涉及高空作业,必须佩戴安全缆绳。

# 1.5　聚硫密封胶修复

## 1.5.1　处理方法

聚硫密封胶长期使用后会出现松动、脱落、开裂等情况,聚硫密封胶损坏,可以采取人工切除,重新涂抹聚硫密封胶方法进行处理。

## 1.5.2　质量标准

对原有松动、脱落、开裂的聚硫密封胶进行人工切除,重新用嵌缝枪或腻子刀填补聚硫密封胶处理。处理后的胶体外观须密实、连续、饱满、黏结牢固、表面平滑、无气泡、无凹凸不平现象,缝边顺直。

### 1.5.3　聚硫密封胶修复处理器械工具、材料及工艺

#### 1.5.3.1　器械工具

器械工具包括嵌缝枪、腻子刀、钢丝刷、毛刷、裁刀、角磨机、电吹风、烘干机。

#### 1.5.3.2　材料

所用材料有底层涂料、双组分聚硫密封胶、闭孔泡沫板、胶带。

#### 1.5.3.3　处理工艺

(1)用裁刀切除松动、脱落、开裂的聚硫密封胶,黏结基层粘附的灰尘、砂粒、浮浆、油污要用钢刷刷除或用角磨机打磨平整、干净,然后用小型电吹风器吹净,潮湿的基层要用烘干机烘干,确保黏结基层清洁、平整、干燥。

(2)闭孔泡沫板的填塞要在涂刷底层涂料前进行,以免损坏底层涂料,削弱其作用,保证闭孔泡沫板与接缝两侧紧密接触;填塞后高度不小于 2 cm,用于填充密封胶。

(3)为了防止聚硫密封胶污染混凝土伸缩缝两侧表面,保证其整齐、美观,要在接缝两侧粘贴胶带纸作为防污条,预贴的胶带纸在聚硫密封胶成形后立即揭去。

(4)底层涂料是聚硫密封胶生产厂家配套提供的产品,为双组分,其主要作用是封闭混凝土及水泥砂浆基层表面,防止从其内部渗出碱性物及水分。底层涂料的配合比要按产品说明书规定的比例执行,配制时要考虑有效时间的使用量,不得多配,以免浪费。涂刷采用大小合适的刷子,刷子用后用溶剂洗净,底层涂料固化后即可嵌填聚硫密封胶(固化时间大约 30 min)。

(5)聚硫密封胶的基膏(A 组分)、硫化膏(B 组分),要按产品说明书规定的配合比配制。采用机械或人工搅拌均匀。检查方法是:用腻子刀刮薄聚硫密封胶,如没有颜色不同的斑点、条纹,就认为混合均匀。每次配制的聚硫密封胶要适量,在其活性期(一般为 2~6 h)内用完。

(6)聚硫密封胶施工采用冷嵌法,嵌缝枪和腻子刀均可嵌填,嵌填的要点是防止形成气泡及孔洞,连续饱满。采用嵌缝枪嵌填时,要根据缝的宽度选用挤出嘴,嵌填时把挤出嘴紧贴缝底部,并朝移动方向倾斜一定角度(30°~45°),用缓慢均匀的速度边挤边移动,使密封膏从底部逐渐充满整个接缝。如接缝较宽或底部为圆形背衬材料,采取两次填充为宜,即先填一半深度,待密封材料固化后第二次填满。需要强调的是,允许一次嵌填的应尽量一次性进行,以避免聚硫密封胶出现分层现象。用腻子刀嵌填时,应先批刮缝两侧黏结面,然后将整个缝嵌填饱满。为了避免聚硫密封胶黏结在刀片上,嵌填前可先将刀片在煤油中蘸一下。

(7)抹平、压光、修整。为使接缝内不留孔洞、密实、表面光滑平整,聚硫密封胶嵌填后,表层未干前,应用腻子刀稍用力朝一个方向刮平,将多余的聚硫密封胶刮去,并对厚薄不一的部位进行调整。刮平时不得来回多次抹压,刮刀应倾斜,使刀背在聚硫密封胶表面上滑动,形成光滑面。

(8)聚硫密封胶的表干时间为 24 h,嵌填好的聚硫密封胶,一般养护 2~3 d。为防止灰尘污染,可贴纸条保护,固化前不得踩踏,对易损部位采取遮挡措施。

(9)检查聚硫密封胶的接缝宽度与深度,外观须密实、连续、饱满、黏结牢固、表面平

滑、无气泡、无凹凸不平现象,缝边顺直,质量检查方法主要有观察和尺量。

## 1.5.4　施工注意事项和安全防护措施

(1)在聚硫密封胶未充分固化前,应注意保护,防止雨水和渠水浸入而降低性能。

(2)聚硫密封胶在拌制过程中须进行防污保护,杜绝在拌制、运输、施工过程中撒落,对其他建筑物造成污染。

(3)配制的双组分底涂、聚硫密封胶要一次性用完,以保证密封质量。

(4)施工后,工具应及时清洗干净,若聚硫密封胶已干燥,需用刮刀或溶剂除去。

(5)所有参与现场施工的人员必须佩戴防护手套和护目镜,防止胶体腐蚀损伤皮肤和重要器官。

# 第 2 章　砌石维修

## 2.1　干砌石修复

### 2.1.1　干砌石局部松动修复

#### 2.1.1.1　处理方法

对于局部松动的砌石,应拆除松动块石,采用重新砌筑的方法进行处理。干砌石砌筑时,自下而上逐层进行,要求砌体平整、稳定、密实,并有错缝,与原设计断面误差不超过±10 cm。对于砌筑好的砌石,应错缝竖砌、密实稳固、表面平整,严禁架空、叠砌。

#### 2.1.1.2　质量标准

(1)坡面应有均匀的颜色和外观,不要求加水和碾压。下游坡面块石护坡应随坝体上升逐层砌筑。

(2)干砌石砌体铺砌前,应将地基平整夯实。坡面修整平顺;大块石抛填前,将基础表面浮渣清理干净并夯实处理,分层抛填。

(3)砌石应垫稳填实,与周边砌石靠紧,严禁架空。

(4)坡面上的干砌石砌筑,以一层与一层错缝锁结方式铺砌。护坡表面砌缝的宽度不应大于 25 mm,砌石边缘应顺直、整齐、牢固,严禁出现通缝、叠砌和浮塞,抛填大块石表面应人工修面,表面质量标准同坝后块石护坡。

(5)砌体外露面的坡顶和侧边应选用较整齐的石块砌筑平整。

(6)不得在外露面上用块石砌筑,而中间以小石填心;不得在砌筑层面上以小块石、块石找平;护坡顶应以大石块压顶。

(7)为使沿石块的全长有坚实支承,所有前后的明缝均应用小块石料填塞紧密。

(8)应由低向高逐步铺砌,要嵌紧、整平,铺砌厚度应达到设计要求。

#### 2.1.1.3　器械工具、材料及工艺

1)器械工具

器械工具包括洋镐、小铁锹、锤子、锥子、小车、冲洗工具、3 m 尺。

2)材料

所用材料有石料、砂料、水(取干净、无污染等符合设计标准要求的水)。

石料:尽可能地对石料进行二次利用,不足石料外购时,块石颜色、种类应尽量与原砌石相近;块石选用质地坚硬、不易风化的石料,石料几何尺寸满足原设计要求,不得用有尖角或薄边的石料,应试安放和进行必要的修凿。所有垂直于外露面的镶面石的表面凹陷深度不得大于 20 mm。一般长条形丁向砌筑,不得顺长使用。

3）处理工艺

（1）拆除松动块石。将松动部位块石拆除，放到边上，完好的块石进行二次利用。

（2）整理基面。平整松动块石下方基础，砂垫层缺失部位进行补充，随铺随砌。

（3）重新砌筑。将拆除块石重新放到原位置，达到表面平顺，砌石紧密。干砌块石施工顺序为：选石→试放→修凿→安砌。要求块石大面朝下，即宽面与坡面平行，表面平整，砌筑前先进行试放，不合适的部位用锤加以修凿，修凿程度以石缝能够紧密相接为准，砌石与垫层之间的空隙用块石填紧，砌石表面应与样线齐平，砌缝必须相互错开。

#### 2.1.1.4　施工注意事项和安全防护措施

（1）拆除块石时，注意保护块石的完整性，避免对块石造成损坏。

（2）块石棱角锋利，参与现场施工的人员必须佩戴防护手套。

（3）现场施工负责人和专职安全员对施工现场的安全生产进行管理和监督，确保现场安全处于受控状态。

（4）对施工人员进行技术交底的同时进行安全交底，以教育施工人员遵守安全技术操作规程，并分析安全薄弱环节，落实安全措施。

（5）驾驶员必须持证上岗，严格遵守道路交通安全法律法规；运输车辆必须证件齐全，车况良好，严禁超载。

## 2.1.2　干砌石局部塌陷、隆起修复

### 2.1.2.1　处理工艺

对于干砌石出现局部塌陷、隆起的部位，应将损坏部位拆除，拆除范围要超出损坏区 0.5~1.0 m，保持好未损坏部分的砌体，然后清除反滤垫层，将土体修复，按原设计恢复护坡。对于垫层松动、滤料流失或原垫层厚度不足的部位，应按原设计要求翻修填补。对于干砌石因土体产生过大的不均匀沉陷，或因土体的土料含水率大，冬季冻胀引起破坏的，应先处理土体，然后按原设计标准翻修。对于干砌石因出现石质风化而强度降低的，应更换成合格材料，按原设计要求修复。

### 2.1.2.2　质量标准

（1）坡面应有均匀的颜色和外观，不要求加水和碾压。下游坡面块石护坡应随坝体上升逐层砌筑。

（2）干砌石砌体铺砌前，应将地基平整夯实。坡面修整平顺；大块石抛填前，将基础表面浮渣清理干净并夯实处理，分层抛填。

（3）干砌石应垫稳填实，与周边砌石靠紧，严禁架空。

（4）坡面上的干砌石砌筑，以一层与一层错缝锁结方式铺砌。护坡表面砌缝的宽度不应大于 25 mm，砌石边缘应顺直、整齐、牢固，严禁出现通缝、叠砌和浮塞，抛填大块石表面应人工修面，表面质量标准同坝后块石护坡。

（5）砌体外露面的坡顶和侧边，应选用较整齐的石块，砌筑应平整。

（6）不得在外露面上用块石砌筑，而中间以小石填心；不得在砌筑层面上以小块石、块石找平；护坡顶应以大石块压顶。

（7）为使沿石块的全长有坚实支承，所有前后的明缝均应用小块石料填塞紧密。

（8）应由低向高逐步铺砌，要嵌紧、整平，铺砌厚度应达到设计要求。

### 2.1.2.3　器械工具、材料及工艺

1）器械工具

器械工具包括小铁锹、锤子、锥子、小车、冲洗工具、3 m 尺。

2）材料

（1）石料。尽可能对石料进行二次利用，不足石料外购时，块石颜色、种类应尽量与原砌石相近；块石选用质地坚硬、不易风化的石料，石料几何尺寸满足原设计要求，不得用有尖角或薄边的石料，应试安放和进行必要的修凿。

（2）砂石料。垫层或反滤层应选用具有良好抗冻性、耐风化、水稳定性好和含泥量小于5%的砂石料，其粒径、级配符合设计要求。采用土工织物做反滤层时，应根据被保护土的级配选用材料，其保土性、透水性及防堵性能等应满足《土工合成材料应用技术规范》(GB 50290—2014)的要求。

（3）水。取干净、无污染等符合设计标准要求的水。

3）处理工艺

（1）拆除损坏部位。将损坏部位块石拆除，拆除范围超出损坏区 0.5~1.0 m，保护好未损坏部分的砌体。干砌石采用卧砌法施工，施工前应测量放样，施工时立杆挂线，自下而上砌筑，确保坡面顺直、坡度准确。对松动岩石应予以清除，凹陷部分开挖成台阶形后坞工砌补与原来坡面相同，再开始砌筑。

（2）整理基面。清除拆除范围的反滤垫层，按照原设计重新铺设反滤垫层。砌筑时块石大面向下，一层与一层错缝锁结方式铺砌，垫层铺设与干砌石砌筑配合进行，随铺随砌。护底表面砌缝的宽度不大于 25 mm，砌石边缘顺直、整齐、牢固，砌体外露面的顶面和侧边选用较为整齐的块石，砌筑平整，所有明缝均用小块石料填塞紧密。护坡砌筑时人工拍实碎石垫层铺设之后，进行干砌石砌筑，施工时，块石层面垂直于坡面，以一层与一层错缝锁结方式铺砌，垫层与干砌石铺砌层配合砌筑，随铺随砌。护坡表面和边缘应顺直、整齐、牢固，砌缝的宽度不大于 25 mm，所有明缝用小块石料填缝紧密。

（3）重新砌筑。砌筑时块石分层卧砌，上下错缝，咬扣紧密。外露面选用表面较平整及尺寸较大的块石，并适当加以修凿。采用同皮内丁顺相间的砌筑形式，当中间部分用毛石填砌时，丁砌料石伸入毛石部分的长度不小于 200 mm，两个分层高度间的错缝不小于 80 mm。石块间较大的空隙用碎块或块石嵌实，帮衬石及腹石的竖缝相互错开。按原设计砌筑块石，达到表面平顺、砌石紧密。

### 2.1.2.4　施工注意事项和安全防护措施

（1）拆除块石时，注意保护块石的完整性，避免对块石造成损坏。

（2）块石棱角锋利，参与现场施工的人员必须佩戴防护手套。

（3）现场施工负责人和专职安全员对施工现场的安全生产进行管理和监督，确保现场安全处于受控状态。

（4）对施工人员进行技术交底的同时进行安全交底，以教育施工人员遵守安全技术操作规程，并分析安全薄弱环节，落实安全措施。

（5）驾驶员必须持证上岗，严格遵守道路交通安全法律法规；运输车辆必须证件齐

全,车况良好,严禁超载。

# 2.2　浆砌石修复

## 2.2.1　浆砌石勾缝砂浆开裂、脱落

### 2.2.1.1　处理工艺

对于浆砌石勾缝砂浆开裂、脱落的,采用剔除开裂、脱落砂浆,重新填补进行勾缝的方法进行处理。修补后的砌体,必须进行洒水养护。浆砌石完成后应对砌体砌筑面的平整度和勾缝质量、石块嵌挤的紧密度、缝隙砂浆的饱满度情况等的外观质量进行检查。

### 2.2.1.2　质量标准

砂浆配合比采用与砌筑石相同的配合比。嵌砂浆前一定要检查砌缝深度,不满足要求的必须凿除。嵌砂浆前块石表面一定要湿润。勾缝时应在砂浆初凝之前进行。勾缝质量要求:牢固结实,宽窄均匀,深浅一致,周边清洁,形式美观。砌体边沿线、棱角线及伸缩缝两侧均留 5 cm 砂浆边。

### 2.2.1.3　器械工具、材料及工艺

1)器械工具

器械工具包括铁锹、洋镐、铁皮、钢丝刷、毛刷、勾缝器、批灰刀、钢尺、喷壶、养生布。

2)材料

拌制水泥砂浆的水泥、砂、水等的质量,应符合《水工混凝土施工规范》(DL/T 5144—2015)的规定。

浆砌材料中水泥的强度等级应不低于 32.5;砂料应尽量选用质地坚硬、清洁、级配良好的天然砂或人工砂;天然砂中含泥量应低于 5%,人工砂中石粉含量应低于 12%。

取干净、无污染等符合设计标准要求的水。

3)处理工艺

(1)清槽。用钢丝刷将缝内开裂、脱落砂浆剔除,清理凹槽内的杂物。浆砌石砌缝宽度为 3~4 cm,混凝土预制块缝宽为 1 cm,预留缝深度 3 cm。若深度不满足要求,在勾缝前须凿除,深度不得小于 3 cm。凿除后需用水湿润、冲洗掉表面浮渣。

(2)填缝。填缝前先用水将缝湿润,勾缝时,首先嵌满压实块石缝隙且不宜超过块石表面,把砌缝抹平抹满为宜,块石表面不得有多余的砂浆。

(3)压槽勾缝。当缝填满后,清除高出石头面的多余砂浆,避免形成皮带缝,然后压槽勾缝。勾缝要线条流畅,槽宽 1 cm,槽深 1 cm,两侧抹带宽度为 1 cm。

(4)修边。当槽反复压实、压平后,把挤到外面的多余砂浆清除,保证抹带宽度,在压好的凹缝砂浆表面用普通铁抹子轻轻压光。

(5)养护。勾缝砂浆初凝后须覆盖养生布洒水养护保持湿润,养护龄期不得少于7 d。

### 2.2.1.4　施工注意事项和安全防护措施

(1)水泥砂浆拌制过程中须进行防污保护,杜绝砂浆在拌制、运输、施工过程中撒落,

对现场造成污染。

（2）在水泥砂浆未充分固化前，应注意保护，防止雨水和渠水浸入而降低性能。

（3）施工过程中注意回收凿除的砂浆弃渣和水泥砂浆废渣，防止废料污染现场。

## 2.2.2　浆砌石松动、塌陷处理

### 2.2.1.1　处理工艺

对于浆砌石松动、塌陷部位，应拆除松动、塌陷部位，重新砌筑浆砌石，尽量保留原砌石再次利用。浆砌石施工工艺：测量放线→开挖或填筑→清基→砌筑→抹面或勾缝→养护。

### 2.2.1.2　质量标准

（1）砂浆质量控制。严格按照设计的砂浆配合比进行施工，采用机械拌和，砂浆拌和必须达到一定的搅拌时间，一次拌料在初凝前全部用完，必须经过抽样检查试验，施工砂浆强度等级保证为设计强度等级。

（2）浆砌石质量控制。在砌筑前按设计尺寸挂线，清洗石料，浆砌石采用坐浆法砌筑，砌筑时石条分层卧砌，上下层错缝，内外搭接砌，砌体稳定，砌体砂浆填缝饱满，插捣密实，使浆砌体质量坚固，表面几何尺寸棱廓清晰整洁，初凝后定期洒水养护。水下基础砌体初凝后 24 h 内保持排水，严防地下水进入砌体。

（3）基础及护坡填筑砂砾料质量控制。原地面以上采用基础开挖，砂砾料回填碾压至设计堤顶高，基础和护坡背填筑工程采用人工配合机械进行回填、碾压、人工修整边坡、清理基坑等。碾压回填厚度范围粒径不大于 10 cm，原地面表层耕植土层应清除。

（4）浆砌体表面勾缝质量控制。勾缝前必须清除砌体表面浮渣及污垢，用水冲洗干净并保持湿润，砂浆分次向缝内填塞密实，勾缝砂浆强度等级应高于砌筑砂浆。保持砂浆贴结紧密，外表缝宽一致，厚度 2 cm，缝外砂浆清除后，保持砌体平整清洁，定期洒水保养。

### 2.2.1.3　器械工具、材料及工艺

1）器械工具

器械工具包括小型拌和机、水泵、铁板、手推车、铁锹、锄头、大铲、瓦刀手锤、手凿、水平尺、勾缝条、扁担、坡度门架等。

2）材料

石料应质地坚实，强度不低于 MU25，岩种应符合设计要求，无风化、裂缝；毛石中部厚度不小于 200 mm；料石厚度一般不小于 200 mm，料石的加工细度应符合设计要求，污垢、水锈等使用前应用水冲洗干净。

砂用中砂，并通过 5 mm 筛孔。配制 M25（含 M25）以上砂浆，砂的含泥量不应超过5%；不得含有草根等杂物。

水泥选用硅酸盐水泥，水泥强度等级为 32.5，有产品合格证书和化验单。

3）处理工艺

（1）测量放线。依据设计图纸，确定开挖深度，设置施工水准点，在基坑底面弹出轴线，将轴线引出作业段面之外。

（2）基础开挖。采用挖掘机开挖时严禁超挖，避免扰动基底原状土。挖至设计基底应预留 20 cm 采用人工刷底、修整，确保基底平整、几何尺寸及基底高程符合要求。基础开挖到设计标高后，经检验合格后应立即进行基础施工。

（3）砂浆拌和。施工配合比以重量计，并进行配料，采用小型搅拌机械拌和。砂浆拌和投料顺序为砂、水泥干拌后再加水湿拌，湿拌时间不得少于 45 s。砂浆随拌随用，保持适宜的稠度（30~50 mm），一般宜在 2 h 内使用完毕。发生离析、泌水的砂浆，砌筑前应重新拌和，已超时或凝固的砂浆不得使用。拌和好的砂浆由手推翻斗车运至砌石现场，堆放在干净的铁皮上，严禁存放在地面上。

（4）浆砌石砌筑。砌石前应按设计放出实样，用松木板钉好坡度架并立于砌筑段的两端，挂横线采用坐浆法分段分层砌筑。分段位置设在沉降缝处，各段水平砌缝应一致。块石在砌筑前浇水湿润，石料表面有污垢应冲洗干净。分层砌筑以 2~3 层石块组成一工作层，每工作层的水平缝大致找平，不同层位的竖缝应相应错开，不能贯通。

每层浆砌石都应先坐浆后砌石，坐浆厚度应使石料在挤压安砌时能紧密连接，且砌石砂浆密实饱满。应选用具有比较整齐表面的大尺寸石块作为定位石（角隅石）及镶面石。分层砌筑时各砌层应先砌角石，后砌边石或面石，最后才砌筑腹石。外围固定砌块应与里层砌块交错连成一体，定位石的砌缝应满铺砂浆，不得镶嵌小石块。

砌筑腹石时，砌体中的石块应大小搭配，石料间的砌缝要互相交错、咬搭，砂浆密实。石料之间不得无砂浆直接接触，也不准干填石料后铺灌砂浆。块石不宜竖立使用，砌筑时应将尖锐突出部分敲除。一般情况下较大的石料以大面为底，但是浆砌块石时，需利用块石的自然形状，将大小砌石相互交错地衔接在一起，除最下一层石块应大面朝下外，上面的石块不一定必须大面朝下，做到犬牙交错、搭配紧密即可。同时在砌下层石块时，即应考虑上层石块如何接砌，砌筑过程中还要将石料的缝隙留开，保证 2 cm 的深度，以利于勾缝。平缝与竖缝宽度不大于 20 mm，较宽的砌缝可用小锤将小石片敲入挤塞，但石片应被砂浆包裹。在砂浆未凝固前，将砌缝砂浆刮深不小于 20 mm，为以后勾缝做准备。

（5）浆砌石勾缝。浆砌块石应勾凹缝，而且是真凹缝，严禁勾假凹缝。勾缝后石块轮廓不能被掩盖，真实砌缝的准确位置和宽度应清晰可见。勾缝前应检验缝槽深度不小于 20 mm，缝槽宽度应是砌缝的真实宽度，不合要求者应返工处理。对合格缝槽充分清洗湿润后，用比砌筑砂浆高一个强度等级的砂浆（用细砂拌制）勾缝，缝面高度比砌体石略低 2~4 mm，勾缝砂浆面应平整、光滑，勾完缝后，砌石轮廓分明、清晰可见。

（6）养护。砌筑完成后应及时用草袋或土工布进行覆盖，并经常洒水保持湿润，养护期一般不得小于 7 d。养护期间应避免碰撞和承重。

冬季低温施工应采取防冻、保温措施。

# 第3章　渠堤边坡维修

## 3.1　边坡土体修复

### 3.1.1　雨淋沟修复

#### 3.1.1.1　问题分类及处理方法

边坡雨淋沟问题主要分为深度小于 10 cm 边坡雨淋沟和最大冲沟深度超过 10 cm 边坡雨淋沟两类。对深度小于 10 cm 边坡雨淋沟,采用人工回填夯实法进行处理;对最大冲沟深度超过 10 cm 边坡雨淋沟及土体沉陷,采用开挖回填夯实法进行处理。处理流程:基坑底地坪上清理→检验土质→分层铺土→夯打密实→检验密实度→修整找平验收。

#### 3.1.1.2　质量标准

对边坡雨淋沟深度小于 10 cm 的采用人工回填、平整、夯实处理,处理后边坡要和周边土体结合良好,不能频繁形成冲沟;对于边坡雨淋沟深度大于 10 cm 及土体沉陷的采用开挖回填夯实处理,回填过程中一定要分层夯实,且分层之间要有效结合,避免出现夹皮现象。对于渠段边坡洞穴,按填方段和挖方段分别进行处理,过程中要避免洞穴封堵不实。

#### 3.1.1.3　深度小于 10 cm 边坡雨淋沟维护处理器械工具、材料及工艺

1)器械工具

器械工具包括蛙式或柴油打夯机、手推车、筛子(孔径 40~60 mm)、木耙、铁锹(尖头与平头)、2 m 靠尺、胶皮管、小线和木折尺等。

2)材料

所用材料包括回填土(不得含有植物根茎、砖瓦垃圾等杂物)、水(取干净、无污染等符合设计标准要求的水)。

3)处理工艺

(1)人工回填。选择合格土进行回填,填土前应将坑底的垃圾等杂物清理干净,将回落的松散垃圾、砂浆、石子等杂物清除干净,周围土体的含水率偏干的应将表面湿润,过湿或冰冻的应清除后再进行回填。

(2)平整土体。将回填土体进行平整,并略高于周边土体。

(3)夯实土体。人工夯实,使其和周边护坡高度一致,达到表面平顺。

#### 3.1.1.4　最大冲沟深度超过 10 cm 边坡雨淋沟修复处理器械工具、材料及工艺

1)器械工具

器械工具包括铁锹、喷壶、小车、木槌、蛙夯或气夯、1 m 钢尺。

2）材料

所用材料有回填土（不得含有植物根茎、砖瓦垃圾等杂物的含水率适中的黏性土）、水（取干净、无污染等符合设计标准要求的水）、草种。

3）处理工艺

（1）基础清理。填土前应将基坑（槽）底或地坪上的垃圾等杂物清理干净；坑槽回填前，必须清理到基础底面标高，将回落的松散垃圾、砂浆、石子等杂物清除干净。

检验回填土的质量有无杂物，粒径是否符合规定，以及回填土的含水率是否在控制范围内；如含水率偏高，可采用翻松、晾晒或均匀掺入干土等措施；如遇回填上的含水率偏低，可采用预先洒水润湿等措施。

（2）人工回填。回填土应分层铺摊。每层铺土厚度应根据土质、密实度要求和机具性能确定。一般蛙式打夯机每层铺土厚度为 200~250 mm；人工打夯不大于 200 mm。每层摊铺后，随之耙平。

（3）平整土体。将回填土体进行平整，人工摊铺找平略微高于周边土体。

（4）夯实土体。采用蛙夯或气夯夯实，自下而上分层回填，分层厚度不超过 15 cm，土块直径不大于 5 cm，夯击 6 遍以上，夯实时，夯击要互相搭接 10 cm，防止漏夯，回填土边缘用人工木槌夯实，(2)、(3)、(4)循环直至使其与周边护坡高度一致。

（5）修整找干。填土全部完成后，应进行表面拉线找平，凡超过标准高程的地方，应及时依线铲平；凡低于标准高程的地方，应补土夯实。

### 3.1.1.5　施工注意事项和安全防护措施

（1）开挖和回填之后要及时清理边坡堆放土体，保证边坡平整。

（2）处理过程中，应注意原堤身稳定和挡水安全。

（3）施工人员在边坡施工过程中要注意行走安全。

## 3.1.2　土体沉陷、边坡洞穴修复

### 3.1.2.1　问题分类及处理方法

边坡土体局部发生沉陷，边坡发现洞穴，应对沉陷和洞穴部位进行清理开挖，人工分层回填，按要求进行夯实，并恢复框格护坡并撒播草籽。

### 3.1.2.2　质量标准

采用人工回填、平整、夯实处理后，边坡要和周边土体结合良好，回填过程中一定要分层夯实，且分层之间要有效结合，避免出现夹皮现象。

### 3.1.2.3　土体沉陷、边坡洞穴处理器械工具、材料及工艺

1）器械工具

器械工具包括铁锹、喷壶、小车、木槌、蛙夯或气夯、1 m 钢尺。

2）材料

所用材料包括回填土（不得含有植物根茎、砖瓦垃圾等杂物的含水率适中的黏性土）、水（取干净、无污染等符合设计标准要求的水）、草种。

3）处理工艺

（1）人工开挖。清除损害部位松散土至未扰动土基面。

　　(2)人工回填。结合开挖土并选择合格土体进行回填,回填厚度不超过 15 cm,保证回填土与周围土体的有效结合。

　　(3)平整土体。将回填土体进行平整,人工摊铺找平略微高于周边土体。

　　(4)夯实土体。采用蛙夯或气夯夯实,自下而上分层回填,分层厚度不超过 15 cm,土块直径不大于 5 cm,夯击 6 遍以上,夯实时,夯击要互相搭接 10 cm,防止漏夯,回填土边缘用人工木槌夯实,(2)、(3)、(4)循环直至使其和周边护坡高度一致。

　　(5)补种草体。夯实结束后,及时补种适宜草种,加强养护,保证成活率。

### 3.1.3　浅层(局部)滑坡维修

#### 3.1.3.1　处理方法

　　浅层(局部)滑坡一般发生在堤身,地基基本未遭破坏,应采用全部挖除滑动体后重新填筑的方法处理。

#### 3.1.3.2　质量标准

　　对于浅层(局部)滑坡,处理过程中选用的回填土中不得含有植物根茎、砖瓦垃圾等杂物,且应与周边土体含水率相适应的黏性土。处理结束后要使堤身强度达到原设计标准。

#### 3.1.3.3　浅层(局部)滑坡修复处理器械工具、材料及工艺

　　1)器械工具

　　器械工具包括铁锹、喷壶、小车、木槌、蛙夯或气夯、钢尺。

　　2)材料

　　(1)回填土。不得含有植物根茎、砖瓦垃圾等杂物的含水率适中的黏性土。

　　(2)水。取干净、无污染等符合设计标准要求的水。

　　3)处理工艺

　　(1)削坡。将滑坡体上部未滑动过的边坡削至稳定的坡度。

　　(2)挖除滑动体。应从上边缘开始,逐级开挖,每级高度 0.2 m,沿滑动面挖成锯齿形,每一级深度应一次挖到位,并一直挖至滑动面外未滑动土中 0.5~1.0 m。平面上的挖除范围宜从滑坡边线四周向外展宽 1~2 m。

　　(3)人工回填。结合开挖土并选择合格土体进行回填,回填厚度不超过 15 cm,保证回填土与周围土体的有效结合。

　　(4)平整土体。将回填土体进行平整,人工摊铺找平略微高于周边土体。

　　(5)夯实土体。采用蛙夯或气夯夯实,自下而上分层回填,分层厚度不超过 15 cm,土块直径不大于 5 cm,夯击 6 遍以上,回填土边缘用人工木槌夯实,(2)、(3)、(4)循环直至和周边护坡高度一致。

#### 3.1.3.4　施工注意事项和安全防护措施

　　(1)填筑的堤坡应达到原设计的稳定边坡。

　　(2)处理过程中,应注意原堤身稳定和挡水安全。

　　(3)施工过程中要注意用电安全。

　　(4)施工人员在边坡施工时要注意行走安全。

### 3.1.4　渠坡(堤)裂缝维修

#### 3.1.4.1　问题分类及处理方法

渠坡(堤)裂缝应及时做好防雨措施,在查明裂缝成因后进行处理。渠坡(堤)裂缝主要有无规律的表层裂缝、龟纹裂缝、非滑动性渠坡裂缝及滑动性渠坡裂缝等。无规律的表层裂缝、龟纹裂缝采用开挖回填法或封闭处理、灌缝捣实;非滑动性渠坡裂缝采用灌浆堵缝法;处理范围较大、问题性质和部位不能完全确定的渠坡裂缝,滑动性渠坡裂缝,渠堤裂缝,由设计单位进行论证,按照设计单位提出的方案进行处理。

#### 3.1.4.2　质量标准

应在查明裂缝成因,且裂缝已趋于稳定时进行处理,具体处理措施参照有关规定。当裂缝出现滑动时,严禁灌浆。

缝宽较大、缝深较小的宜采用自流灌浆处理,缝宽较小、缝深较大的采用充填灌浆处理。

#### 3.1.4.3　缝宽较大、缝深较小的渠坡(堤)裂缝修复器械工具、材料、工艺及要求

1)器械工具

器械工具包括铁锹、钢尺、喷壶、泥浆桶、漏斗。

2)材料

所用材料有沙壤土、水。

3)处理工艺

(1)缝顶挖槽,槽宽、槽深各为 0.2 m,用清水洗缝。

(2)按"先稀后稠"的原则用沙壤土泥浆进行自流灌缝,稀、稠两种泥浆的水土质量比分别为 1∶0.15 与 1∶0.25。

(3)灌浆后封堵沟槽。将回填土体进行平整,人工摊铺找平略微高于周边土体。

#### 3.1.4.4　缝宽较小、缝深较大的渠坡(堤)裂缝修复器械工具、材料、工艺及要求

1)器械工具

器械工具包括铁锹、离心式灌浆机、全压式打锥机、比重计、1 m 钢尺。

2)材料

浆液中的土料宜选用成浆率高、收缩性较小、稳定性较好的粉质黏土或重粉质壤土,土料组成以黏粒含量 20%～45%、粉粒含量 40%～75%、砂粒含量小于 10%为宜。

3)处理工艺

(1)制浆储存。泥浆相对密度可用比重计测定,宜控制在 1.5 左右。浆液主要力学性能指标以容重 13～16 kN/m³、黏度 30～100 s、稳定性小于 0.1 g/m³、胶体率大于 80%、失水量 10～30 cm³/30 min 为宜。

制浆过程中应按要求控制泥浆稠度及各项性能指标,并应通过过滤筛除大颗粒和杂物,保证浆液均匀干净,泥浆制好后送储浆池待用。

(2)泵输泥浆。宜采用离心式灌浆机输送泥浆,以灌浆孔口压力小于 0.1 MPa 为准来控制输出压力。

(3)锥孔布设。宜按多排梅花形布孔,行距 1.0 m 左右,孔距 1.5～2.0 m。锥孔宜布

置在隐患处或附近。裂缝较为严重的,可逐渐加密。

(4)造孔。可用全液压式打锥机造孔,造孔前应先清除干净孔位附近杂草、杂物,孔深宜超过堤角连线 0.5~1.0 m,处理可见裂缝时,孔深宜超过缝深 1~2 m。

(5)灌浆。宜采用平行推进法灌浆,孔口压力应控制在设计最大允许压力以内。灌浆应先灌边孔、后灌中孔,浆液应先稀后浓,根据吃浆量大小可重复灌浆,一般情况灌 2~3 遍,特殊情况灌 4~5 遍。

在灌浆过程中应不断检查各管进浆情况。如胶管不蠕动,宜将其他一根或数根灌浆管的阀门关闭,使其增压,继续进浆。当增压 10 min 后仍不进浆时,应停止增压拔管换孔,同时记下时间。

注浆管长度宜为 1.0~1.5 m,上部应安装排气阀门,注浆前和注浆过程中应注意排气,以免空气顶托、灌不进浆,影响灌浆效果。

(6)封孔收尾。可用容重大于 16 kN/m³ 的浓浆,或掺加 10% 水泥的浓浆封孔,封孔后缩浆空孔应复封。输浆管应及时用清水冲洗,所用设备及工器具应归类收集整理。

### 3.1.4.5 施工注意事项和安全防护措施

(1)施工过程中注意泥浆,防止废料污染周围建筑设施。

(2)泥浆拌制过程中须进行防污保护,杜绝泥浆在拌制、运输、施工过程中撒落,对现场造成污染。

(3)处理过程中,应注意原堤身稳定和挡水安全。

(4)施工过程中要注意用电安全。

(5)施工人员在边坡施工时要注意行走安全。

# 3.2 护坡维修

## 3.2.1 问题分类及处理方法

护坡分为干砌石护坡、浆砌石护坡、现浇混凝土护坡、预制混凝土护坡这几种。干砌石护坡、浆砌石护坡问题处理按照第 2 章砌石维修相关规定执行;现浇混凝土护坡发生剥蚀损坏,出现局部破损时,可将表层松散部位凿掉并冲洗干净,用较高强度等级的水泥砂浆填补。预制混凝土块护坡严重损坏的,应更换预制混凝土块。

## 3.2.2 质量标准

干砌石护坡、浆砌石护坡问题修复质量标准按照第 2 章砌石维修相关规定执行;现浇混凝土护坡发生剥蚀损坏,出现局部破损时,处理过程中一定要用较高强度等级的水泥砂浆填补,填补后强度要达到原设计标准。

## 3.2.3 现浇混凝土护坡局部破损维护处理器械工具、材料及工艺

### 3.2.3.1 器械工具

器械工具包括铁锤、铁锹、模板、水桶、冲洗工具、批灰刀、小车。

#### 3.2.3.2　材料

所用材料包括水泥、砂料、水(取干净、无污染等符合设计标准要求的水)。

#### 3.2.3.3　处理工艺

(1)凿除。利用人工凿除的方法将缺陷区域的松散混凝土予以清除,露出新鲜混凝土,并将混凝土表面清理干净;缺陷深度≥1 cm、面积≥10 cm×10 cm时,表面要凿成方波形和锯齿状,且凿至坚实基面。对外露钢筋表层的氧化层,利用钢丝刷予以除掉,然后对外露钢筋涂刷钢筋阻锈剂。

(2)清理基面。清理施工部位,并冲洗干净基面。在待修补混凝土缺陷表面涂刷一层环氧树脂基液,其涂刷厚度以不超过1 mm为宜,且应涂刷均匀,涂刷时采用人工涂刷,为了方便可以在基液中加入少量(一般为3%~5%)的丙酮。

(3)拌制水泥砂浆。拌制比原设计等级高一级别的水泥砂浆。

(4)填补砂浆。在损坏部位填补拌制好的水泥砂浆,采用铁抹子反复压实压光,使其表面平顺,和原设计保持一致,待硬化后进行质量检验。

### 3.2.4　预制混凝土块护坡严重损坏维护处理器械工具、材料及工艺

#### 3.2.4.1　器械工具

器械工具包括铁锹、扫把、毛刷、木槌、喷壶、30 cm钢尺、小车。

#### 3.2.4.2　材料

所用材料有混凝土框格(混凝土强度、尺寸与原设计要求一致)、合格土料、水(取干净、无污染等符合设计标准要求的水)。

#### 3.2.4.3　处理工艺

(1)清理基面。清除滑塌、错位、沉陷部位的混凝土框格及杂土。

(2)回填。取合格土料,回填边坡滑塌、沉陷部位,回填厚度15 cm,人工摊铺找平。

(3)分层夯实。自下而上分层回填,虚铺厚度为15 cm,分层人工夯实。

(4)铺设混凝土框格。坡面洒水,清除杂物,将混凝土框格自下而上平铺,连成一体,且平整、美观。

(5)培土并清理。对混凝土框格进行培土,培土土质不能带有杂物,培土完成后清除多余土质,保证护坡清洁、美观。

### 3.2.5　施工注意事项和安全防护措施

(1)在水泥砂浆未充分固化前,应注意保护,防止雨水和渠水浸入而降低性能。

(2)施工过程中注意回收凿除的混凝土弃渣和水泥砂浆废渣,防止废料污染周围建筑设施。

(3)水泥砂浆拌制过程中须进行防污保护,杜绝砂浆在拌制、运输、施工过程中撒落,对其他建筑物造成污染。

(4)边坡较陡,施工过程中,施工人员要注意人身安全。

# 第4章 运行维护道路维修

## 4.1 沥青混凝土道路维修

渠道的运行巡视道路多为沥青混凝土路面,为保持沥青混凝土道路的服务水平,减小资产损失,延长使用寿命,沥青混凝土道路维修应根据损坏的具体情况,对道路进行病害维修、罩面处理、补强、路面翻修。

沥青混凝土路面裂缝、路面隆起、路面沉陷等,产生的原因主要有以下几个方面:

(1)材料收缩。沥青路面的材料对温度较为敏感,一旦温度骤降,其材质容易变硬变脆,并发生收缩从而导致裂缝的出现。

(2)施工原因。①施工时未进行相应处理,导致填土后因为地基承载能力不同发生不均匀沉降。②路基压实不匀、路基边缘压实度不足或是纵向施工搭接质量不过关导致裂缝的出现。③路基局部泡水导致承载力下降、没有妥善处理填料导致渗水后填料含水率出现变化等,这些原因都会导致裂缝出现。

(3)差异沉降。路段与构造物交接处、非软土地基与软土地基交界处,以及软土地基处理方法变化处往往会由于构造物或新老路基的差异沉降而致使基层开裂,并且裂缝逐渐上移,最终形成路面裂缝。

(4)环境原因。路面长期积水,粉砂质的土壤受到渗漏冲刷,湿润后流动性较大,造成沥青路面裂缝和沉降。

### 4.1.1 沥青混凝土道路宽度5 mm以内的路面裂缝处理

#### 4.1.1.1 问题分类

沥青路面裂缝按形状可分为横向裂缝、纵向裂缝、网状裂缝(龟裂)和不规则裂缝等4种形式。

(1)横向裂缝。指的是与路面中线近乎垂直的裂缝,缝宽不一,缝长有的贯穿整个路幅,也有的贯穿部分路幅。

(2)纵向裂缝。指的是裂缝走向基本与行车方向平行,裂缝长度和宽度不一的裂缝。

(3)网状裂缝(龟裂)。相互交错的裂缝将路面分割成形似网状或龟纹状的锐角多边形小块,块的尺寸小于50 cm×50 cm。

(4)不规则裂缝。路面裂缝呈不规则形状,块的最长边长小于100 cm。不规则裂缝主要由面层材料的收缩和温度的周期性变化所致。

#### 4.1.1.2 质量标准

沥青混凝土道路裂缝产生后,应及时予以处理,防止水等有害物质浸入,影响道路使用寿命。对于细裂缝(2~5 mm)可用乳化沥青进行灌缝处理。在高温季节全部或大部分可愈合的轻微裂缝,可不予处理。灌注乳化沥青时,先沿缝注入乳化沥青,随后用刷子沿裂缝两侧各 10 cm、裂缝延伸端 20 cm 涂刷乳化沥青。乳化沥青用量及米石撒布量通过试验确定。

### 4.1.1.3　器械工具、材料及工艺

1）器械工具

器械工具包括刮刀、钢丝刷、高压吹风机、细颈漏斗。

2）材料

所用材料有慢裂洒布型阳离子乳化沥青。

3）处理工艺

（1）施工前,首先将裂缝两边存在剥蚀、破损等缺陷的不符合要求的沥青混凝土用刮刀除去,刮至坚硬的沥青面。

（2）用高压吹风机和钢丝刷清除缝中的碎屑,确保缝隙处无杂物。

（3）用细颈漏斗将乳化沥青滴灌入缝,不少于 3 遍。第 1 遍乳化沥青必须均匀饱满,使其有足够的下渗量。第 2 遍间隔 10~15 min,重点对下渗较快的部位进行找补,直到不再下渗。第 3 遍间隔 10~15 min 对整条缝进行再次灌缝。

（4）将溢出缝外的沥青用刮刀刮净,保持灌缝顺直平整。

## 4.1.2　沥青混凝土道路宽度 5 mm 以上的路面裂缝处理

### 4.1.2.1　问题分类

按沥青混凝土道路开裂的主要原因,沥青路面的裂缝可以分为以下几类：

（1）荷载型裂缝。在行车荷载的反复作用下,基层底部的裂缝会逐渐扩展到沥青面层,使沥青面层开裂。荷载裂缝在形式上主要表现为沿轮迹方向的纵向裂缝和龟裂。

（2）温度裂缝。由于沥青面层温度变化而产生的裂缝称为温度裂缝。温度裂缝在形式上主要表现为横向裂缝和块状裂缝,有时也表现为纵向裂缝。

（3）反射裂缝。对于半刚性基层沥青路面,半刚性基层材料由于干缩和温缩产生开裂,干缩和温缩裂缝的产生及扩展会引起裂缝上方面层底部先开裂,并逐渐向上扩展,最终将沥青面层拉裂,这种裂缝习惯上称为反射裂缝,反射裂缝在形式上主要表现为横向裂缝。

（4）沉降裂缝。填土固结或路基不均匀沉陷所引起的纵向裂缝和横向裂缝,常出现在桥涵的两头或路基半填半挖处。

（5）其他裂缝。在沥青路面施工的纵向接缝处,由于施工接茬处理不善也容易产生纵向裂缝。沥青老化容易在沥青表面产生龟裂。

### 4.1.2.2　质量标准

灌缝前,应将裂缝清扫干净,用高压气体吹出缝中的石料、杂物和浮料。乳化沥青应具有良好的弹性、流动性和黏结力。对于过细的裂缝,除让乳化沥青自然下渗外,可用刮刀沿裂缝方向刮出 4~5 cm 宽的灌缝带。对于宽度超过 5 mm 的裂缝,在灌缝前应去除松动的沥青混凝土,在缝隙中填充细粒式沥青混凝土。施工过程中尽量减少热沥青污染。禁止在路面潮湿或温度低于 4 ℃的环境下施工;否则,将会降低密封胶的黏合力,易造成

脱落,影响施工质量。

#### 4.1.2.3 器械工具、材料及工艺

1)器械工具

器械工具包括沥青灌缝机(含沥青热熔箱和喷枪)、高压吹风机、钢丝刷、铁锹、刮刀、烘干机。

2)材料

所用材料有慢裂洒布型阳离子乳化沥青、细砂石。

3)处理工艺

(1)施工前,首先将裂缝两边存在剥蚀、破损等缺陷的不符合要求的沥青混凝土用刮刀除去,刮至坚硬的沥青面,然后用高压吹风机配合钢丝刷清理。若基层潮湿则用烘干机烘干,确保缝隙处清洁、平整、干燥。

(2)填筑细砂石,最大粒径在 5 mm 以内,连续级配,填筑时预留填充深度 3 cm,随后用细颈漏斗将乳化沥青滴灌入缝内,不少于三遍。第一遍乳化沥青必须均匀饱满,使其有足够的下渗量。第一遍不再下渗时,进行第二遍找补。待第二遍破乳后,进行第三遍,注射间隔 20~25 min。注意避免污染路面。

(3)对于现场不合格的灌缝沥青,及时在冷却前用铁锹和刮刀清除,并将边缘处理整齐。

### 4.1.3 沥青混凝土路面隆起修复

#### 4.1.3.1 问题分类

沥青混凝土路面隆起指的是路面不平整、局部凸起高于大部分路面的情况,在运行路上隆起是比较普遍的现象。

#### 4.1.3.2 质量标准

路面应平整、坚实,接缝紧密,无枯焦。不应有明显轮迹、推挤裂缝、脱落、烂边、油斑、掉渣等现象。嵌缝料、沥青应撒布均匀。无花白、积油、漏浇、浮料等现象。

#### 4.1.3.3 器械工具、材料及工艺

1)器械工具

器械工具包括高压吹风机、钢丝刷、铁锹、刮刀、切割机。

2)材料

所用材料有 AC-13 细粒式沥青混凝土、水泥稳定碎石土。

3)处理工艺

(1)对于有隆起病害的地方,将沿隆起带两侧各 10 cm 范围内的水稳层连同沥青下面层一起清除(注意不要破坏基层),截面用切割机配合钢钎凿成直茬。

(2)将底基层表面用高压吹风机配合钢丝刷清理干净,并洒水润湿处理,按照原设计配合比重新铺筑水泥稳定碎石土,构造新的水稳基层,保证基层的厚度和平整度。

(3)铺设沥青,并用刮刀慢慢地碾压 2~3 遍,对路面的平整度、路拱进行检查,保证沥青的密实度,一旦发现问题要立刻纠正。

(4)对于现场不合格的灌缝沥青要及时在冷却前用铁锹和刮刀清除,并将边缘处理

整齐。

## 4.1.4　路面轻微凹陷修复

### 4.1.4.1　问题分类

基础沉陷易造成沥青混凝土路面轻微凹陷,路面不平整,局部下陷低于路面高度。

### 4.1.4.2　质量标准

沥青路面维修时,沥青材料质量应符合《公路沥青路面施工技术规范》(JTG F 40—2004)的要求。所用骨料应符合《沥青路面施工及验收规范》(GB 50092—1996)有关规定。沥青路面沉陷处理后,路面高度应一致,沥青混凝土碾压密实。

### 4.1.4.3　器械工具、材料及工艺

1)器械工具

器械工具包括振捣器、高压吹风机、钢丝刷、铁锹、刮刀。

2)材料

所用材料有 AC-13 细粒式沥青混凝土、碎石土、卵砾土、中粗砂。

3)处理工艺

(1)对局部因路基有坑洞、沟槽等问题发生的凹陷,应采用碎(砾)石、干砌块石或浆砌块石等重新回填密实,将土基和基层彻底治理后,再铺细粒式沥青混凝土,最后振动碾压,保证沥青的密实度。

(2)对桥(涵)头路面,因填土不实出现的沉陷,应采取加铺基层的方法处理,材料宜用碎石土、卵砾土、中粗砂,且要求级配合理。再铺细粒式沥青混凝土,之后用振捣器压实。

(3)对不均匀沉陷,若基层和土基较为密实、稳定,可只修补面层,用细粒式沥青混凝土填补、整平,并进行振动挤压,随后慢慢碾压 2~3 遍,保证沥青的密实度,面积较大时应加铺面层。

(4)对于现场不合格的灌缝沥青,应及时在冷却前用铁锹和刮刀清除,并将边缘处理整齐。

## 4.1.5　沥青混凝土路面拆除重新铺筑路面施工工艺

### 4.1.5.1　问题分类及处理方法

(1)沥青材质问题。路面使用一段时间后发现大面积表层松散,其主要原因是使用了不合格沥青,这种沥青延度、针入度没有达到规范要求,因此过一段时间后,混合料就失去黏结力,从而形成松散现象。

(2)沥青混合料拌和温度过高。由于沥青混合料拌和时温度过高,沥青被烧糊,失去了强有力的黏结力和裹附力,造成路面松散、局部脱落。

(3)沥青混合料酸碱结合不好。沥青一般情况下呈酸性,而用的石料如果呈碱性则可以达到较好的组合,如果遇到的是酸性骨料,则相互之间的黏结力将降低,也将产生路面剥落,形成坑洞。

(4)层与层之间的连接受到严重污染。路基整修与沥青混合料摊铺同时进行,或者

层与层之间施工持续时间较长,在铺筑上一层时,对下层的污染没有进行有效处理,使两层之间形成一层薄薄的污染夹层,下承层与上承层之间缺少有效的黏结力,从而导致沥青路面剥落,局部形成空洞。

### 4.1.5.2　质量标准

严格工艺规程,认真执行招标文件、技术规范及设计要求,做好层层技术交底工作,并做好各种原始资料的填写、收集、整理工作。按设计及规范要求认真组织施工,保证从每道工序、每个分项工程的施工质量入手,贯彻以预防为主的方针,对可能发生质量问题的部位实施监控,做到早发现、早预防、早纠正、早采取。严把材料质量关,各种不合格材料不采购、不进场、不使用。

### 4.1.5.3　器械工具、材料及工艺

1) 器械工具

器械工具包括沥青混凝土摊铺机、自卸汽车、胶轮车、沥青洒布车、装载机、洒水车、小型振动压路机、路面切缝机。

2) 材料

所用材料为沥青混凝土。

3) 处理工艺

(1) 拆除沥青路面,并清除基层杂物。

(2) 根据拆除后的深度,按原设计恢复结构层。原设计代表性结构层为:AC-13 沥青混凝土路面厚 50 mm,水泥稳定碎石土厚 150 mm(水泥:碎石:土的质量比为6:30:64),二八灰土厚 150 mm。断面图如图 4-1 所示。

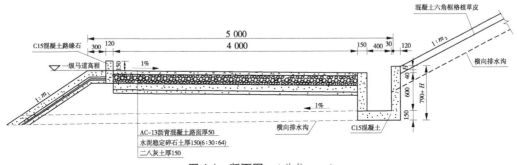

**图 4-1　断面图**　(单位:mm)

(3) 在水稳层上喷洒透层沥青,透层沥青采用慢裂撒布型阳离子乳化沥青,用量 0.7~1.5 L/m²,透层沥青浇洒完毕后立即撒布用量为 2~3 m³/1 000 m² 的石屑或粗砂。

(4) 铺设 5 cm 厚 AC-13 细粒式沥青混凝土路面。

摊铺机摊铺应匀速行驶不间断,借以减少波浪和施工缝,试验人员随时检测成品料的配比和沥青含量,及时反馈拌和厂,及时调整。设专人消除粗细骨料离析现象,如发现粗骨料窝应予铲除,并用新料填补。此项工作必须在碾压之前进行,严禁用薄层贴补法找平,以免贴补层在使用过程中脱落压碎,引起面层推移破裂。摊铺中的质量缺陷主要有:厚度不均,平整度差(小波浪、台阶),混合料离析、裂纹、拉沟等。

沥青混凝土面层的碾压应保证路面达到设计的密实度和良好的平整度,是沥青路面摊铺碾压阶段的主要工作目标。达到此目标的关键是要使沥青混合料在适当的温度下实施碾压。尤其是初压阶段,应尽量在规范要求的温度范围内的较高温度下短时间完成。这就要求在施工组织上拌和机和摊铺机在单位时间内的工作量必须匹配,即拌和量略大于摊铺量,使混合料铺筑在缓慢、均匀、连续不断的条件下进行,并做到边铺边压。

## 4.1.6　沥青路面污染处理

### 4.1.6.1　问题分类

(1)当发现路面上有妨碍正常交通的杂物时,应立即清扫。

(2)当意外事件、事故等因素造成路面污染时,应及时清除。

(3)当沥青路面被油类物质或化学物品污染时,应先撒砂、木屑或用化学中和剂处理,然后进行清扫,必要时再用水冲洗干净。

(4)当沥青路面被混凝土污染后,初期立即用水冲洗。如混凝土终凝,应尽量将混凝土面凿掉,清扫后,用人工(面积小)或机械喷涂乳化沥青于沥青路面。

### 4.1.6.2　质量标准

对尘土、落叶、杂物等造成的路面污染,应进行日常清扫,保持沥青路面良好的运行环境。

沥青喷洒后,如发现边缘有空白或花白处,应及时采用人工补洒。沥青材料洒布均匀,每车沥青开始洒布时和纵、横搭接处,采取措施,避免沥青洒布不匀或洒布过量的现象。洒布汽车无法作业的路段或部位,以及漏洒的部位,均用手提式喷洒器进行人工喷洒或补洒。

喷涂乳化沥青路面的初期稳定性差,应做好初期养护,设专人管理,封闭交通 2~6 h,严禁一切车辆、人员通过;交通开放初期,应控制车速不超过 20 km/h,并不得制动和调头。

### 4.1.6.3　沥青路面污染处理器械工具、材料及工艺

1)器械工具

器械工具包括滚筒刷或乳化沥青洒布机、防护膜、高压水枪。

2)材料

所用材料为乳化沥青。

3)处理工艺

(1)人工铲除表层混凝土,清扫后用高压水枪或水管冲洗干净。

(2)待污染面干燥后,若污染面积较小则采用滚筒刷涂刷;若污染面积较大则采用乳化沥青洒布机喷洒,直至喷洒的乳化沥青完全遮盖住污染面。乳化沥青采用洒布车均匀洒布,透层沥青洒布前用洒水车将基层表面喷湿,待表面稍干后,喷洒乳化沥青。沥青洒布车配备有适用于不同稠度沥青喷洒用的喷嘴,在沥青洒布机洒不到的地方采用人工洒布。喷洒时以不流淌,无花白,透层沥青透入基层表面 3~5 cm 为宜。

(3)养护。养护期间,不在已洒好乳化沥青的路面上开放交通。除运送沥青外,任何车辆均不在完成的透层、黏层上行驶。

# 4.2 巡视台阶维修

## 4.2.1 砖砌巡视台阶修复

### 4.2.1.1 问题分类及处理方法

对巡视台阶砖块松动、砖块缺失、砂浆脱落等情况进行重新砌筑、补充砌筑等维护处理。

### 4.2.1.2 质量标准

(1)砌筑砖体应一致,砌筑砖表面字迹应统一朝外。

(2)砌筑时,砂浆应饱满;砌筑完,立缝应成线,保证平整度。

(3)砌筑过程中严禁在台阶上方踩踏,砌筑完毕后,表面应及时打扫,确保干净整洁,并加强养护。

### 4.2.1.3 器械工具、材料及工艺

1)器械工具

器械工具包括水泥刀、扁凿、铁锤、毛刷。

2)材料

所用材料有砖块、M7.5砂浆。

3)处理工艺

(1)放线。在砌筑前应在基础面放出轴线。用扁凿配合铁锤清除砖块缺失或松动部位,并用毛刷清扫碎屑,损坏部件和碎渣应统一收集清除,严禁随意丢弃。

(2)砌筑砖体前应提前浸水,避免干砖吸收水泥中的水分,导致水泥没有产生水化过程就提前凝固,大大降低了砂浆强度。浸水应浸至不冒泡。

(3)用 M7.5 砂浆砌筑,砌筑过程中严禁踩踏台阶。砌筑砂浆应严格按照图纸要求的强度等级,严格按照配合比,把砂浆搅拌均匀、稠度适合,随搅随用。搅拌的砂浆不能放置时间过长,尤其是水泥砂浆,不能隔夜再用。

(4)砌筑完毕后,表面应及时打扫,确保干净整洁,并加强养护。

(5)施工注意事项。

①基础顶面必须抄平,凡大于 2 cm 的偏差,必须用 C20 混凝土找平。

②砌体砌筑砂浆必须密实饱满度不低于85%。砂浆稠度必须满足施工要求。

③砌筑前,认真检查轴线位置、断面尺寸、垂直度、支撑是否牢固等,且必须由质检员复查,否则不准施工。

## 4.2.2 混凝土台阶维修

### 4.2.2.1 问题分类及处理方法

台阶的构造由面层、垫层、基层等组成,室外台阶应考虑抗冻要求,面层混凝土要具有抗冻、防滑性能,并在垫层下设置非冻胀层或采用钢筋混泥土架空台。

#### 4.2.2.2 质量标准

室内外台阶踏步宽度不宜小于0.30 m,踏步高度不宜大于0.15 m,并不宜小于0.10 m,踏步应防滑。室内台阶踏步数不应少于2级,当高差不足2级时,应按坡道设置;人流密集的场所台阶高度超过0.70 m,且侧面临空时,应有防护设施。室外台阶由平台和踏步组成,平台面应比门洞口每边宽出500 mm左右,并比室内地坪低20~50 mm,向外做出约1%的排水坡度。台阶踏步所形成的坡度应比楼梯平缓,一般踏步的宽度不小于300 mm,高度不大于150 mm。当室内外高差超过1 000 mm时,应在台阶临空一侧设置围护栏杆或栏板。

#### 4.2.2.3 器械工具、材料及工艺

1)器械工具

器械工具包括砂浆搅拌机、平铲、筛子(孔径5 mm)、灰斗车、大桶、线坠、笤帚、胶皮水管、小水桶、喷壶、1 100 mm靠尺板、铁抹子、木抹子、托灰板等。

2)材料

(1)水泥。应采用强度高、收缩性小、耐磨性强、抗冻性好的水泥。其物理性能和化学成分应符合《硅酸盐水泥》(GB 175—2007)的规定。水泥进场时,应有产品合格证及化验单,并对品种、强度等级、包装、数量、出厂日期等进行检查验收,报监理工程师审批。

(2)粗骨料。用于混凝土中的碎石或砾石要求质地坚硬、耐久、洁净,有良好的级配,颗粒应接近立方体,最大粒径不应超过40 mm。

(3)细骨料。采用天然砂和人工砂。其质地要求坚硬、耐久、洁净,并具有良好级配。

(4)水。混凝土搅拌和养护用水要求清洁,宜采用饮用水。

3)处理工艺

(1)测量放样。施工前,根据设计图纸放出边线桩及砌体基槽开挖范围,在开挖边界外5 m设保护桩,便于施工中随时检查。

(2)基槽开挖。采用人工配合机械开挖的方法,待挖至接近设计标高时检查基槽标高和轴线偏位情况,对有偏差的及时修整达到设计要求。基槽开挖时,基槽必须嵌岩,深度大于68 cm。

(3)模板安装。采用通用化组合竹胶模板,使用时应在模板内侧加钉镀锌铁皮或刷机油,以保证混凝土表面平整光滑。

①制作木模板时,事先应熟悉图纸,核对各部尺寸,其类型应尽量统一,便于重复使用,且须始终保持表面平整、形状正确,有足够强度和刚度。木模的接缝可做成平缝或企口缝,当采用平缝时,应采取措施,防止漏浆。安装模板时,须考虑浇筑混凝土的工作特点与浇筑的方法相适应,在必要的地方可以设置活板或天窗,以便于混凝土的灌注、振捣及模板内杂物的清扫。

②侧墙模板一般由侧板、立挡、横挡、斜撑和水平支撑组成。斜撑的下端须有垫板,垫板的固定,在泥地上用木桩,在混凝土上可用预埋件或筑临时水泥墩子。当墙模较高时也可用对拉螺栓固定,或与斜撑结合使用,但斜撑与模板横挡水平交角不宜大于45°。

③模板的拆除。不承重的侧模,可在混凝土强度能保证其表面及棱角不因拆模损坏(一般抗压强度达到2.5 MPa)时拆除。

（4）C20 混凝土的浇筑及振捣。浇筑混凝土前,应全面进行复查,检查模板标高、截面尺寸、接缝、支撑等是否符合设计要求。

①混凝土采用现浇,为考虑施工方便和结构的整体性,采用一次浇筑成型,并进行分层浇筑,分层振捣,以保证混凝土的密实度。

②为防止离析,从高处向模板内倾卸混凝土时,应符合以下几个要求:第一,自由倾落高度一般不宜超过 2.0 m;第二,当高度在 8.0 m 以内时,可使用多节导管或串筒,高度在 8.0 m 以上时则导管内应附加减速翼板;第三,在串筒出料口下面,混凝土的堆积高度不宜超过 1.0 m。

③浇筑混凝土一般应采用振动器捣实,振捣时,应按下列方法进行:使用插入式振动器时,移动间距不超过作用半径的 1.5 倍,插入混凝土,并离模板边缘 10 cm;表面振动器的移动距离应以使振动平板能覆盖已振实部分的 10 cm 为度;附着式振捣器的布置间距可根据构造形状、断面大小、振动器性能通过试验确定;振捣时间不宜过长,但也不能过短,一般的标志是混凝土达到不再下沉,无显著气泡上升,顶面平坦一致,并开始浮现水泥浆为止。当发现表面浮现水层时,应立即设法排除,并须检查发生的原因或调整混凝土配合比。施工完毕模板拆除后要封闭养护,防止磕碰、缺棱掉角。

（5）施工注意事项。

①施工前应制定有效的安全、防护措施,并应遵照安全技术及劳动保护制度执行。

②施工机械用电必须采用一机一闸一保护。

③作业前,检查电源线路应无破损,漏电保护装置应灵活可靠,机具各部连接应紧固,旋转方向正确。

④机械操作人员必须戴绝缘手套和穿绝缘鞋,防止漏电伤人。

⑤施工的照明线路必须使用绝缘导线,采用瓷瓶、瓷(塑料)夹敷设,距地面高度不得小于 2.5 m。

⑥电源线路要悬空移动,应注意避免电源线与地面相摩擦及车辆的辗压。经常检查电源线的完好情况,发现破损立即进行处理。

⑦在夜间施工时,应采用 36 V 低压照明设备,在潮湿地方作业的照明用电不超过 12 V。

⑧线路架设和灯具安装必须由专业持证电工完成。

⑨照明系统中的每一单项回路上,灯具或插座数量不宜超过 25 个,并应装设熔断电流为 15 A 及 15 A 以下的熔断器保护。

# 4.3　巡视步道维修

## 4.3.1　青石板道路维修

### 4.3.1.1　问题处理流程

对巡视步道破损、缺失部位进行更换、补充处理的施工流程为:准备工作→弹线→试排→刷水泥浆及铺砂浆结合层→铺青石板面层→灌缝、擦缝→养护。

#### 4.3.1.2　质量标准

（1）新补充的巡视步道材料与原来材料规格型号应一致。

（2）铺设前平整场地，并对基面用人力或机械方式夯实。

（3）铺石板应轻拿轻放，并用橡胶锤敲打稳定，在铺设过程中除轴线控制外，还须用 2 m 直尺控制平整度。

（4）铺设后表面平整，巡视步道轴线与坡脚线尽量平行。

#### 4.3.1.3　器械工具、材料及工艺

1）器械工具

器械工具包括铁锤、毛刷、线、直尺。

2）材料

防滑青石板材料进场已验收并编号，品种、规格、数量符合设计及大样图要求，有裂纹、缺棱、掉角、翘曲和表面有缺陷的石材已剔除，材料满足要求。

3）处理工艺

（1）测量放样。场地清理完毕，根据设计图纸进行弹线、试排，调整局部偏差，找出巡视步道控制线（中心线或边线），间隔 5~10 m 设放一块砖作为控制点，保证直线段平直，弯道段弧线平顺。

（2）基础清理。清理坡脚腐殖土和杂物，保证干净平整，之后采取人力或机械方式压实，保证基础的密实度，随后进行下一道工序施工。

（3）铺设防滑青石板，青石板铺砌前基层湿润并随铺砂浆随刷素水泥浆一道，尺寸为 600 mm×300 mm×30 mm。铺设前应对青石板进行挑选，有明显缺陷、严重损坏的严禁使用，铺设后表面应平整。

（4）施工过程中应随时检查，及时调整，严格控制施工质量。面材表面平整度偏差为 1.0 mm、缝格平直度偏差为 2.0 mm、接缝高低差为 0.5 mm，板块间隙宽度偏差为 1.0 mm。工完料清，每日、每段施工区域施工完毕，应及时将多余的材料及废料清理完毕。

### 4.3.2　透水砖道路维修

#### 4.3.2.1　问题分类及处理方法

透水砖破损、缺失、沉陷及新增透水砖，应首先对损坏的透水砖进行拆除，清理砂垫层，按照新增透水砖的施工工艺重新铺设透水砖。

#### 4.3.2.2　质量标准

透水砖在具备一定的透水性的同时，还应具备良好的防滑功能和装饰效果，透水砖物理性能：最小抗压强度不小于 35 MPa，单块最小抗压强度不小于 31 MPa，抗折强度平均值不小于 3.5 MPa。垫层砂起到基层找平、水体过滤、荷载缓冲等作用，垫层砂应为水洗中粗砂，垫层砂必须具有良好的透水性能，以保证透下来的水能及时有效地渗入水性基层中。

#### 4.3.2.3　透水砖更换器械工具、材料及工艺

1）器械工具

器械工具包括木夯、蛙式打夯机、推土机、压路机（6~10 t）、手推车、平头铁锹、喷水

用胶管、2 m 靠尺、橡胶锤、小白线、钢尺等。

2）材料

所用材料为透水砖、中粗砂、级配碎石。

3）处理工艺

（1）处理地基。根据设计的要求,路床开挖,清理土方,达到设计标高;检查纵坡、横坡及边线是否符合设计要求;修整路基,找平碾压密实,并注意地下埋设的管线。

（2）铺设垫层。铺设 60 mm 厚中砂,垫层砂应为半干砂,湿度掌握方法为:用手攒捏拌和料成团,松开后自然散开即为合格,干湿适度的垫层砂有利于平整铺面,减少扬尘和提高垫层的密实度。

（3）铺设基层。铺设压实的级配碎石(粒径 5～60 mm),用木夯或蛙式打夯机时,应保持落距 400～500 mm,要一夯压半夯,行行相接,全面夯实,一般不少于 3 遍。采用压路机往复碾压,一般碾压不少于 4 遍,其轮距搭接不小于 50 cm。边缘和转角处应用人工或蛙式打夯机补夯密实。

（4）铺设找平层。找平层用中砂,中砂要求具有一定的级配,即用粒径 0.3～5 mm 的级配砂找平。

（5）透水砖铺设。在铺设时,应根据设计图案铺设透水砖,铺设时应轻轻平放,用橡胶锤锤打稳定,但不得损伤砖的边角。

（6）洒水养护。洒水养护 2～3 d,其间不得扰动已经铺装的透水砖,撒细中砂扫缝,扫缝砂必须是干砂,需要多次扫缝,扫完后即进行洒水,确保使砂能灌满缝隙,直到洒水后砂子不再下沉为止。

# 4.4　泥结碎石道路维修

## 4.4.1　问题分类及处理方法

泥结碎石路面是以碎石作为骨料、泥土作为填充料和黏结料,经压实修筑成的一种结构。泥结碎石路面厚度一般为 8～20 cm;当总厚度等于或大于 15 cm 时,一般分两层铺筑,上层厚度 6～10 cm,下层厚度 9～14 cm。泥结碎石路面的力学强度和稳定性不仅有赖于碎石的相互嵌挤作用,同时也有赖于土的黏结作用。泥结碎石路面虽用同一尺寸石料修筑,但在使用过程中由于行车荷载的反复作用,石料会被压碎而向密实级配转化。

## 4.4.2　质量标准

黏土用量一般不超过混合料总重的 15%～18%。泥浆一般按水与土为 0.8∶1 至 1∶1 的体积比进行拌和配置。如过稠,则灌不下去,泥浆要积在石层表面;如过稀,则易流淌于石层底部,干后体积缩小,黏结力降低,均将影响路面的强度和稳定性。

（1）石料应选用坚硬的粒状碎石或砾石,其粒径应符合有关要求。

（2）采用拌和法施工时,土块应粉碎,其最大直径不应超过 20 mm,拌和均匀,表面平整密实;采用灌浆法施工时泥浆稠度适宜,浇灌必须均匀饱满。

（3）嵌缝料必须撒铺均匀,表面平整,碾压至要求的密实度。

（4）弯沉不小于或等于设计值。

（5）路面上应做成 3%～4% 的路拱横坡度;当泥结碎石路面的总厚度超过 15 cm 时,应分两层铺筑,上层厚 6～10 cm。

## 4.4.3　器械工具、材料及工艺

### 4.4.3.1　器械工具

器械工具包括挖掘机、自卸汽车、推土机、水泵、振动压路机、装载机。

### 4.4.3.2　材料

材料主要由碎石、泥土组成。泥结碎石层所用的石料,其等级不宜低于Ⅳ级;长条、扁平状颗粒不宜超过 20%。泥结碎石层所用黏土,应具有较高的黏性,塑性指数以 12～15 为宜。黏土内不得含腐殖质或其他杂物。

石料可采用机轧碎石或天然碎石。轧制碎石的材料可以是各种类型的较坚硬的岩石、圆石或矿渣。碎石中的扁平细长的颗粒不宜超过 20%,并不得含有其他杂物,碎石形状应尽量接近立方体并具有棱角为宜。

黏土泥结碎石路面中的黏土主要起黏结和填充空隙的作用。塑性指数高的土,黏结力强而渗透性弱,其缺点是胀缩性较大;反之,塑性指数低的土,黏结力弱而渗透性强,水分容易渗入。因此,对土的塑性指数,一般规定在 18～27（相当于塑性指数 12～18）为宜。黏土内不得含腐殖土或其他杂质,黏土用量不宜超过石料干重的 20%。

### 4.4.3.3　处理工艺

1）泥结碎石路面灌浆法施工

（1）准备工作。包括放样、布置料堆、整理路槽的拌制泥浆。泥浆按水土体积比为 0.8:1～1:1 进行拌制,过稀或不均匀,都将直接影响基层的强度和稳定性。

（2）摊铺石料。将事先准备好的石料按摊铺厚度一次铺足。松铺系数为 1.2～1.3,当有几种不同品种和尺寸碎石时,应在同一层内采用相同品种和尺寸的石料,不得杂乱铺筑。

（3）初步碾压。初碾的目的是使碎石颗粒初步压紧,但仍保留有一定数量的空隙,以便泥浆能灌进去。因此,选用三轮压路机或振动压路机进行碾压为宜。碾压遍数不超过 2～4 遍（后轮压完路面全宽,即为 1 遍）,碾压至碎石无松动情况为度。

（4）灌浆。在初压稳定的碎石层上,灌注预先调好的泥浆。泥浆要浇得均匀,数量要足够灌满碎石间的空隙。泥浆表面应与碎石平齐,但碎石的棱角仍应露出泥浆之上,必要时,可用竹帚将泥浆扫匀。灌浆时务使泥浆灌到碎石层的底部,灌浆后 1～2 h,当泥浆下注,孔隙中空气溢出后,在未干的碎石层面上撒上嵌缝料（1～1.5 m³/100 m²）,以填塞碎石层表面的空隙,嵌缝料要撒得均匀。

（5）碾压。灌浆后,待表面已干而内部泥浆尚处于半湿状态时,再用三轮压路机或振动压路机继续碾压,并随时注意将嵌缝料扫匀,直至碾压到无明显轮迹及碾压至材料完全稳定。在碾压过程中,每碾压 1～2 遍后,即撒铺薄层石屑并扫匀,再进行碾压,以便碎石缝隙内的泥浆流到所撒石屑上并黏结成整体。

拌和法施工与灌浆法施工不同之处是,土不必制成泥浆,而是将土直接铺撒在摊铺平整的碎石上,用平地机、多铧犁或多齿耙均匀拌和,然后用三轮压路机或振动压路机进行碾压,碾压方法同灌浆法。在碾压过程中,需要时应补充洒水,碾压 4~6 遍后,撒铺嵌缝料,然后继续碾压,直至无明显轮迹及碾压下材料完全稳定。

2)铺筑保护层

为了防止泥结碎石路面雨天泥泞晴天飞尘,在泥结碎石路面上要铺筑 1 cm 粗砂保护层、3 cm 磨耗层。

(1)磨耗层的厚度视所用粒径的大小、硬度、路面结构组合形式、路面强度和地区干湿条件而定。

(2)磨耗层的铺筑应严格按下列步骤进行:

①放样清底。根据设计铺筑宽度画出边线,把泥结碎石路面上的浮尘及松散材料清扫干净,然后进行压实,使路面平整坚实。

②扫浆。在路面铺筑宽度以内洒水,并用扫帚或扫浆器扫起薄层泥浆。如路面扫不起泥浆,可撒一层细黏土,然后适量洒水,再进行扫浆。在泥浆面未干前进行铺料。

③配料拌和根据材料性质及地区气候等因素,通过试验确定材料的配合比。按 5~10 m 铺筑长度的用料数量,把各种材料堆放在路边。拌和时一般干拌 2 遍,边拌和边洒水,达到均匀为止。拌和砖屑、炉渣等粒料时,应先在砖屑等料堆上洒水润湿,然后才可与黏土拌和。

④铺料扫浆之后摊铺拌和料,用木刮板或轻巧耙耙平,防止大颗粒集中。如出现大颗粒集中,应用耙头击散。不得横向撒料或扬撒料,以免摊铺不匀,造成土和粒料离析。每隔 20 m 用直尺和路面横坡板校正平整度和路面横坡。一般松铺料的厚度是压实厚度的 1.3~1.4 倍。

⑤培肩和碾压。碾压前应先做好培筑和整平工作,使路肩与磨耗层同时被压实,以保护磨耗层的边缘。

碾压工作应在混合料最佳含水率时进行,并要求和铺料工序紧密衔接,先用轻型压路机碾 2~3 遍。初步压实后,可开放交通,利用行车控制碾压,先两边,后中间,交错碾压,并随时注意校验平整度和路面横坡。

# 4.5 波形护栏维修

## 4.5.1 问题分类及处理方法

波形护栏一般由四部分组成,即防阻块、波形梁、端头、立柱。波形护栏立柱完好,仅防阻块和波形梁损坏时,仅需拆卸更换防阻块和波形梁,如果立柱损坏变形严重,需切除立柱后重新安装。

## 4.5.2 质量标准

(1)波形护栏进场时应组织专人把好进场质量关,检查波形护栏的规格尺寸、运输包装、原材证件、产品证件是否符合相关规范要求,是否与原波形护栏规格和标准一致。

(2)波形护栏安装质量检验标准应依据《公路工程质量检验评定标准》(JTG F80/1—2017)中波形梁钢护栏的基本要求、实测项目、外观鉴定要求,安装高度、间距、长度满足原有技术标准。

(3)立柱安装后不得有明显的扭转,不得焊接加长,立柱必须牢固地埋入土中,埋入深度必须达到设计所规定的深度,且与地平面垂直;护栏安装完毕后,水平方向和竖直方向应形成顺畅的线形,应对景观及驾驶员的视线有良好诱导。

## 4.5.3 波形护栏更换器械工具、材料及工艺

### 4.5.3.1 器械工具

器械工具包括打桩机、交流电焊机、载重汽车。

### 4.5.3.2 材料

所用材料有防阻块、波形梁、端头、立柱。

### 4.5.3.3 处理工艺

(1)对于损坏严重的波形护栏立柱,在路面以下切除立柱,对立柱采用干砂浆进行填埋,对破损的路面进行修复,错开间距重新安装波形护栏。为避免对路基造成较大扰动,不建议采用拔桩替换的方法更换防撞护栏。

(2)立柱安装主要采用打入法。施工前应严格按照钢钎确定的位置,人工开挖立柱位置路面表层,露出土质地基后安放自制导向器,再将立柱沿导向孔打入,以确保垂直度。立柱打入土中应至设计深度,当打入过深时,不得将立柱部分拔出加以矫正,而须将其全部拔出,等到基础压实后重新打入。

(3)立柱安装就位后,应立即进行垂直度、位置、标高的检查。垂直度检查采用靠尺逐根检查。位置检查、间距检查直线段采用钢尺检测,曲线段采用偏角法使用经纬仪检测;横向位置检查采用尺量路缘石与立柱横向间距。标高检查以路缘石内侧一级马道巡视路面为基准,采用自制模或水准仪逐根检查。其水平方向和竖直方向应形成顺畅的线形。

(4)立柱安装完毕至柱帽安装期间,应防止立柱内掉入杂物。立柱打入式施工后,用C15混凝土回填立柱周边坑洞,回填混凝土表面高出原路面高程2~3 cm。

(5)调整好立柱后,即可安装防阻块。防阻块通过连接螺栓固定于波形梁与立柱之间。在拧紧连接螺栓前应调整防阻块使其准确就位。

(6)波形梁通过拼接螺栓相互拼接,并由连接螺栓固定于防阻块上。波形梁在安装过程中应不断进行调整,不应过早拧紧其连接螺栓和拼接螺栓,以便在安装过程中利用波形梁的长圆孔及时进行调整,使其形成平顺的线形,避免局部凹凸。当认为护栏的线形比较满意时,方可最后拧紧螺栓。防阻块与波形梁之间连接螺栓不宜拧得过紧,以便利用长圆孔调节温度应力。

(7)圆头式端头通过拼接螺栓与标准段护栏相互拼接。

# 4.6　混凝土防撞墩维修

## 4.6.1　问题分类及处理方法

混凝土防撞墩上常见问题有反光漆脱落、连接钢管变形损坏、混凝土破损等。混凝土防撞墩反光漆脱落,可采用刷漆或者粘贴反光条的方式进行处理,严禁直接在临水侧喷漆进行修复,避免对水体造成污染。连接钢管变形损坏,需对整根钢管进行更换,更换后封堵钢管孔剩余的缝隙,避免钢管左右晃动。混凝土防撞墩局部破损,不影响安全防护效果的可暂不进行更换;混凝土防撞墩破损变形严重,影响安全防护效果的须整体进行更换,禁止局部进行修补。

## 4.6.2　质量标准

预制混凝土防撞墩底部中间预留方形孔洞,防撞墩卡放于路缘石上方,利用路缘石增加稳固性。预制防撞墩连接应平顺美观,连接平整度允许偏差±5 mm,垂直度允许偏差±5 mm。

## 4.6.3　混凝土防撞墩更换器械工具、材料及工艺

### 4.6.3.1　器械工具

器械工具包括汽车吊、木楔垫块、撬棍。

### 4.6.3.2　材料

所用材料有预制防撞墩、连接钢管、M15砂浆。

### 4.6.3.3　处理工艺

(1)测量放线。施工作业前,按照混凝土防撞墩设计间隔距离,标记防撞墩安装位置,通过间距调整,尽量避开现场安全监测测量点。

(2)混凝土垫层找平。当路缘石两侧水平高度不一致时,采用M15砂浆找平,严格控制砂浆表面平整度。

(3)安装预制防撞墩。使用汽车吊安装预制混凝土防撞墩,人工利用撬棍微移安装到位,确保垂直度及接缝符合规范要求。

(4)安装连接钢管。连接钢管必须同预制混凝土防撞墩同时安装,连接钢管应贯穿防撞墩,避免左右移动。

(5)施工区域应设警示标牌,严禁非工作人员出入。现场应有专人统一指挥,在进入施工现场时,必须佩戴好安全帽,施工中必须穿戴防护手套,严禁穿拖鞋作业。吊装作业时,做好防高空坠落防范措施,机械施工范围内严禁站人。

# 第 5 章　其他设施维修

## 5.1　截流沟（导流沟）维修

截流沟（导流沟）分为干砌石、浆砌石、混凝土等三种护砌形式，存在问题主要有干砌石塌陷、缺失，浆砌石勾缝破损、塌陷，混凝土裂缝等。

### 5.1.1　干砌石截流沟修复

#### 5.1.1.1　问题分类及处理方法

对于干砌石截流沟（导流沟）滑塌、破损情况，一般采用破碎成型的块石以错缝锁结方式铺砌处理，塌陷情况一般采用夯实填土后与破损情况同样方式修复。

#### 5.1.1.2　质量标准

砌体的外露面应平顺和整齐。要求块石大面朝外，其外缘与设计坝坡线误差不超过±10 cm。石块的安置必须自身稳定。砌体以大石为主，选型配砌，必要时可以小石搭配，干砌石应相互卡紧。同一砌层内相邻的及上下相邻的砌石应错缝。

#### 5.1.1.3　器械工具、材料及工艺

1）器械工具

器械工具包括洋镐、铁锹、钢丝刷。

2）材料

干砌石石块应选用材质坚实新鲜，无风化剥落层或裂纹的石材，表面无污垢、水锈等杂质。块石应大致方正，上下面大致平整，无尖角，石料的尖锐边角应凿去。所有垂直于外露面的镶面石的表面凹陷深度不得大于 20 mm。石料应选择密度大于 25 kg/m³，抗压强度大于 60 MPa。石料外形规格，毛石呈块状，最小质量不小于 25 kg，中厚不小于 15 cm。规格小于要求的毛石，可以用于塞缝，但其用量不得超过该处砌体的 10%。

3）处理工艺

（1）基础清理。人工拆除损坏部分，清除滑塌、沉陷部位的剥落层及干砌石，人工拆除后尽可能对石料进行二次利用，若块石不能利用则运出渠道。

（2）铺设反滤层。在干砌石砌筑前应铺设砂砾反滤层，反滤层的各层厚度、铺设位置、材料级配和粒径及含泥量均应满足规范要求，铺设时应与砌石施工配合，自下而上，随铺随砌，接头处各层之间的连接要层次清楚，防止层间错动或混淆。

（3）干砌石铺设。

配备必要的工具，小锤、大锤、钎子等工具要备齐。大锤将大石分块，以使石料符合结构要求的尺寸和形状。在砌筑过程中，用小锤敲掉块石不规则的棱角，以保证块石砌筑紧

凑。

用钢线在纵横两个方向挂工程线,钢线挂紧、不松动、不下垂,给砌石工人一个标准的砌石结构线。

干砌石护坡等结构要横向分块,宽度不宜大于 5 cm,合理安排每一个砌石工人的工作面,这样砌石工人自身能够及时控制砌石平整度。

砌石过程中块石之间利用小石塞缝,并用大石将小石卡紧,这样既避免了块石之间出现过大缝隙,又使块石不松动。

排水棱体及护坡坡脚砌筑前,要在地基处开挖 0.5 m 左右的基槽,将第一层块石埋入地基中,并挂工程线检查是否顺直,以保证砌石体的稳定性。

## 5.1.2　浆砌石截流沟修复

### 5.1.2.1　问题分类及处理方法

浆砌石截流沟(导流沟)破损、沉陷等情况一般采用拆除块石、重新砌筑的方式修复。

### 5.1.2.2　质量标准

浆砌石修复,应拆除损坏部位,清理基面,按原设计标准恢复。砌石出现局部松动,应拆除松动块石、重新砌筑,达到表面平顺、砌石紧密。砌石出现局部坍陷、隆起时,应将损坏部位拆除,拆除范围超出损坏区 0.5~1.0 m,保持好未损坏部分的砌体,清除反滤垫层,修复土体,按照原设计恢复护坡。砌石应错缝竖砌、密实稳固、表面平整,严禁架空、叠砌。干砌石砌筑时,自下而上逐层进行,要求砌体平整、稳定、密实,并有错缝,与原设计断面误差不超过±10 cm。

### 5.1.2.3　器械工具、材料及工艺

1)器械工具

器械工具包括洋镐、铁锹、钢丝刷、铁皮、碾子、勾缝器、批灰刀、喷壶。

2)材料

浆砌条石所用石料采用外购,石料必须选用质地坚硬、无风化剥落和裂纹的岩石,其抗水性、抗冻性、抗压强度等均须符合设计和规范要求。砌筑面石应加工至符合设计和规范要求。

砂浆选择 M10 水泥砂浆,拌制水泥砂浆的水泥、砂、水等的质量应当符合《水工混凝土施工规范》(DL/T 5144—2015)的规定,天然砂中含泥量应当低于 5%,人工砂中石粉含量应当低于 12%;砂质量要求:料径为 0.15~5 mm,细度模数为 2.5~3.0,砌筑毛石砂浆的砂,其最大粒径不大于 5 mm。水泥品种和强度等级符合规定,禁止使用受潮结块的水泥。用水标准为:水采用自来水或可饮用的天然水即可,不影响砂浆强度的增长。浆砌材料中的水泥强度等级应不低于 32.5。

3)处理工艺

(1)拆除坏损部分,清除滑塌、沉陷部位的浆砌石,拆除后将可利用的块石再次利用,若块石不能利用则运出渠道。

(2)拌制砂浆,配料的称量允许误差符合下列规定:水泥为±2%,砂为±3%,外加剂为±1%。砂用磅秤称够重后,倒入拌和机料斗中,搅拌均匀,每次搅拌适量,根据涂抹速度进

行搅拌,搅拌好的砂浆每次应在 2 h 内使用完。

(3)铺浆厚度宜为 3~5 cm,随铺浆随砌石,砌缝需用砂浆填充饱满,不得无浆直接贴靠,砌缝内砂浆应采用扁铁插捣密实恢复至原设计断面。砂浆饱满、石块间空隙较大或竖缝宽度在 5 cm 以上时,可填塞块石。填塞块石时先填塞砂浆,后用碎石或块石嵌实,不得先摆碎石后填充砂浆。

(4)勾缝处理。勾缝前进行清缝,用水冲净并保持缝槽内湿润,砂浆分次向缝内填塞密实,勾缝砂浆强度等级高于砌体砂浆。按实有砌缝勾平缝,严禁勾假缝、凸缝,砌筑完毕后保持砌体表面湿润并做好养护。

(5)施工质量的检查。仓面干净,表面湿润均匀。无浮渣,无杂物,无积水,无松动石块。

### 5.1.3　混凝土截流沟修复

#### 5.1.3.1　问题分类及处理方法

混凝土截流沟(导流沟)破损和裂缝一般采用水泥砂浆勾缝处理或采用砂浆抹面。

#### 5.1.3.2　质量标准

采用水泥基柔性防水材料填充处理或凿槽嵌缝注胶处理。处理后的裂缝须有效地防止水体进入面板内部继续破坏内部结构,造成损坏进一步扩大。修补后的表层须与原面板颜色一致并与周边混凝土相适应,避免出现材料结合不好造成的二次开裂,面板表面清洁,厚度均匀,填充密实。

#### 5.1.3.3　器械工具、材料及工艺

1)器械工具

器械工具包括钢丝刷、毛刷、酒精、丙酮、抹泥刀、风枪、手持式水雾喷壶。

2)材料

所用材料为高于原混凝土强度等级的水泥砂浆。

3)处理工艺

(1)用钢丝刷等工具清除混凝土裂缝表面的灰尘、浮渣及松散层等污物,刷去浮灰并用酒精或丙酮将沿缝两侧 2~3 cm 擦拭干净。

(2)制备水泥浆。搅拌均匀,每次拌料应在 25 min 内用完,使用过程中不得二次加水。

(3)在缝宽<0.2 mm 的裂缝混凝土表面直接涂刷,涂刷范围内裂缝两侧各 10 cm,厚度约为 1 mm,涂刷水泥外边线应为连续直线。

(4)对较大的混凝土截流沟(导流沟)中较深的裂缝,为了能够有效封缝,可沿裂缝凿"V"形槽。对较深的裂缝,可沿裂缝采用钻孔灌浆,以使浆液进入裂缝有更广的通路。

(5)以喷洒水雾为主,保持涂层湿润,养护 3 d 以上。

(6)注意事项。施工环境温度不宜低于 5 ℃和高于 40 ℃,施工人员在移动块石时应当注意安全,防止划伤砸伤。

# 5.2　路缘石维修

## 5.2.1　路缘石破损修复

### 5.2.1.1　问题分类及处理方法

渠道路缘表面局部破损和表层风化一般采用表面涂抹丙乳水泥砂浆(简称"丙乳砂浆")填补修复的方式进行处理。

### 5.2.1.2　质量标准

采用人工进行凿毛,露出密实混凝土后,采用人工抹压丙乳水泥砂浆进行处理。处理后的表层应与原面板颜色一致并与周边混凝土相适应,避免出现材料结合不好造成的二次开裂,面板表面清洁,厚度均匀,填充密实。

### 5.2.1.3　器械工具、材料及工艺

1)器械工具

器械工具包括钢丝刷、风枪、批灰刀、泥抹子、水桶、地膜。

2)材料

丙乳水泥砂浆,各组分要求如下:水泥采用 42.5 号普通硅酸盐水泥。砂选用粒径小于 2.5 mm 的过筛细砂,要求干燥,不含泥土和杂质。丙乳砂浆配合比:灰砂比 1∶1 ~ 1∶2;灰乳比 1∶0.15 ~ 1∶0.3;水灰比 40% 左右。施工前应根据现场水泥和砂子及施工和易性要求通过试拌确定水灰比,丙乳砂浆应尽量选用小水灰比。打底和最后刷面层采用的丙乳净浆配合比为丙乳∶水泥 = 1∶2。

3)处理工艺

(1)施工前,首先将表面存在剥蚀、麻面等缺陷的不符合要求部位的混凝土,凿除至坚硬的混凝土面,凿除深度不小于 0.7 cm。大面积区域用钢丝刷和高压风清除松动颗粒和粉尘,小面积区域可采用钢丝刷和棕毛刷进行洁净处理。对局部潮湿的基面还须进行干燥处理,干燥处理采用自然风干。

(2)清除凿除面污物、粉尘、碎块及松动混凝土,然后用清水冲洗干净,在施工前 1 h 要使修补面处于饱和状态,不应有积水。

(3)将拌制好的丙乳砂浆用抹刀按设计要求的厚度涂抹到破损部位填平,涂抹时尽可能同方向连续摊料,并注意衔接处压实排气。边涂抹、边压实找平,表面提浆。涂层压实提浆后,间隔 2 h 左右,再次抹光。立面修补时,特别注意与混凝土面的结合质量,防止脱空和下坠。厚度较大时分层抹压。

(4)丙乳砂浆表面略干后喷水雾养护,终凝后洒水养护,持续 7 d 以上,注意遮阳、保湿。养护期间要注意防止丙乳砂浆表面被水浸湿、被人员践踏或被重物撞击。当养护环境温度低于 15 ℃时,还需用加热器进行加热保温养护。

## 5.2.2　路缘石更换修复

### 5.2.2.1　问题分类及处理方法

对渠道右岸路缘石的现状进行检测检查,出现路缘石破损、断裂影响渠道工程安全、美观的情况时,对破碎、断裂的路缘石进行拆除并重新进行路缘石制作、安装。

### 5.2.2.2　质量标准

路缘石在砌筑前,必须进行外观检查,要求不得有掉角、裂纹、崩边、表面蜂窝麻面、颜色不一致等现象。路缘石与路面结构间应紧密无缝,灌缝应饱满密实,安装应稳固牢靠,顶面平整不得有错牙、歪斜现象。路缘石之间缝隙采用 1∶1 水泥砂浆勾缝,缝宽 1 cm。路缘石安装垫层砂浆采用 M10 水泥砂浆,厚度按安装图纸要求施工。各交叉口圆弧及绿化带、人行道断口端头圆弧路缘石均采用圆弧状路缘石,保证美观平顺。

### 5.2.2.3　器械工具、材料及工艺

1)器械工具

器械工具包括洋镐、撬棍、钢丝刷、线、风枪、泥抹子、地膜、三轮车。

2)材料

所用材料有砂浆、路缘石。

3)处理工艺

(1)基础清理。人工利用洋镐、撬棍拆除破碎、断裂路缘石,路缘石基础如有松动应予以挖除并运出渠道,翻挖后应采用混凝土填补、整平,翻挖时注意避免破坏道路面层;用钢丝刷等工具清理拆除部分剩余的灰尘、浮渣及松散层等污物。

(2)测量放线。根据平面控制点及标高点,采用挂线施工,直线段 10~15 m 挂线,达到顶面平整、立面直线段顺直。

(3)路缘石安装。砂浆垫层和勾缝砂浆严格按实验室给的配合比进行拌和,砂浆采用细砂。

统一采用坐浆法施工,垫层砂浆厚 2 cm,不允许污染路缘石和路面。人工按放线位置安装路缘石。安装前,基础要先清理干净,并保持湿润。安装时,先用线绳控制路缘石的顺直度,再用水平尺进行检查,安装合格后及时采用 C15 混凝土进行后背浇筑和水泥砂浆勾缝。路缘石砌筑应平顺,相邻路缘石的缝隙应均匀一致,路缘石与路面无缝隙、不漏水。

事先计算好每段路口路缘石块数,路缘石调整块应用机械切割成型。路缘石安装时要与开口、结构物圆滑地相接,线条直顺,曲线圆滑美观。

路缘石的安装速度应能满足现场施工的需要,必须在下面层施工之前安装好。路缘石安装完后,及时回填夯打密实路肩或中央带后背的回填土。

路缘石安装后,必须再挂线,调整侧石至顺直、圆滑、平整,对侧石进行平面及高程检测,每 20 m 检测一点,当平面及高程超过标准时应进行调整。

路缘石安装完毕后,及时对有污染的场地和路面进行清理。已完工的路缘石用塑料薄膜覆盖,进行成品保护,防止损害及表面污染。

(4)勾缝。路缘石的顺直度合格后采用砂浆进行勾缝,使相邻路缘石的缝隙均匀密

实,路缘石与路面无缝隙、不漏水。

勾缝前先将路缘石缝内的土及杂物剔除干净,并用水润湿,然后用符合设计要求的水泥砂浆灌缝充填密实后勾平,用弯面压子压成凹型。用软扫帚除去多余灰浆,并应适当洒水养护。侧石背后宜用素土或石灰土夯实。

(5)养护。施工中采用水平尺进行控制,砌筑应稳固,顶面平整,线条顺直,曲线圆顺,缝宽均匀,勾缝密实,无杂物污染,然后采用塑料薄膜覆盖进行成品保护,铺放完成后对两侧缝隙进行沥青灌缝填充。

(6)施工注意事项。

①路缘石出厂前,进行检查验收,满足设计质量标准及相关技术规范要求后方可使用。

②测量放线。先校核道路中线并重新钉立边桩。按新钉桩放线,在直线部分可用小线放线,在曲线部分应划线。在刨槽后安装前再复核一次,应测出道牙顶面高程并做好标志。安砌钉桩挂线后,把路缘石沿基础一侧依次排好,砂浆拌好后均匀铺设,按放线位置安砌路缘石,砌完的路缘石顶面应平整,线条直顺,弯道圆滑。

③路缘石的养护期不得少于3 d,在此期间内应严防碰撞。路缘石砌筑安放完毕后用地膜覆盖,避免污染,在此期间严防机械碰撞。

④施工过程中注意凿除的混凝土弃渣和水泥砂浆废渣,防止废料进入渠道内部污染水体。

⑤所有参与现场施工的人员必须穿戴救生衣,参与具体操作的人员必须佩戴好安全绳才能进入工作面。

## 5.2.3　路缘石(防浪墙)与路面之间沥青灌缝

### 5.2.3.1　问题分类及处理方法

路缘石(防浪墙)与路面结合处出现裂缝应及时补灌乳化沥青。

### 5.2.3.2　质量标准

路缘石(防浪墙)与沥青路面补灌沥青缝一般采用黏度较低的热沥青灌缝,缝内潮湿时应采用乳化沥青灌缝。乳化沥青应具有良好的弹性、流动性和黏结力。对于过细的裂缝,除让乳化沥青自然下渗外,可用刮刀沿裂缝方向刮出4~5 cm宽的灌缝带。对于宽度超过5 mm的裂缝,在灌缝前应去除松动的沥青混凝土,在缝隙中填充细粒式沥青混凝土。

### 5.2.3.3　器械工具、材料及工艺

1)器械工具

器械工具包括钢丝刷、水壶、刮刀、高压吹风机、细颈漏斗。

2)材料

沥青型号采用130#A级,针入度(25 ℃,5 s,100 g)为120~140 mm,沥青的软化点为≥40 ℃,10 ℃延度不小于50 cm,蜡含量(蒸馏法)不大于2.2%。

3)处理工艺

(1)先将裂缝部位的浮土等杂物清理出裂缝,并用高压吹风机吹干净,如有松散部位

一并清理干净。切勿带积水作业,如有积水应先将积水吸出并晾干后再施工。

(2)将搅拌好的材料倒入灌缝设备或带有导流嘴的容器中,直接灌注到裂缝中即可,若宽度超过 15 mm,可在材料中加入适量的骨料搅拌后进行灌注修补,骨料大小根据裂缝大小决定,大直径以不超过裂缝宽度和深度尺寸的 1/3 为宜。如是冬季施工,搅拌过程中可增加材料的流动性,更加便于施工。

(3)如果裂缝是难以灌注的窄缝,可用刮板或腻子刀将材料刮抹到裂缝部位即可,利用沥青的强黏结和延展性能同样可对裂缝起到修补和封闭作用。灌注后在表面撒布细砂,防止材料在未干燥前被车轮带走,可立即开放交通。温度在-20~20 ℃时,2~3 h 即可开放交通,此温度范围以外干燥时间会有所延长,如果条件允许,尽量延长开放交通的时间,有助于材料性能的提高。

## 5.2.4　路缘石(防浪墙)与衬砌面板沥青灌缝

### 5.2.4.1　问题分类及处理方法

对于防浪墙与衬砌面板处补灌沥青缝一般采用补灌沥青或灌注建筑防水沥青油膏处理,需注意施工安全及水质保护;施工过程中尽量减少热沥青污染,因临水作业需注意穿救生衣、有专员陪同,不可一人施工作业,同时需要保护水质,不可污染水质。

### 5.2.4.2　质量标准

补灌沥青缝一般采用黏度较低的热沥青灌缝,缝内潮湿时应采用乳化沥青灌缝。乳化沥青应具有良好的弹性、流动性和黏结力。对于过细的裂缝,除让乳化沥青自然下渗外,可用刮刀沿裂缝方向刮出 4~5 cm 宽的灌缝带。对于宽度超过 5 mm 的裂缝,在灌缝前应去除松动的沥青混凝土,在缝隙中填充细粒式沥青混凝土。

### 5.2.4.3　器械工具、材料及工艺

1)器械工具

器械工具包括钢丝刷、水壶、刮刀、高压吹风机、细颈漏斗。

2)材料

沥青型号采用 130#A 级,针入度(25 ℃,5 s,100 g)为 120~140 mm,沥青的软化点为≥40 ℃,10 ℃延度不小于 50 cm,蜡含量(蒸馏法)不大于 2.2%。

3)处理工艺

(1)灌缝前应人工清理工作面上及缝内的砂浆、浮渣、脱落的原灌缝材料等杂物,并用高压吹风机将剩余杂物清理干净,最大清理深度以不破坏土工膜为限。

(2)使用灌封机械或人工均可,若是手工灌封可用带有导流嘴的水壶之类容器。人工灌封将搅拌好的材料倒入灌缝设备或带有导流嘴的容器中,直接灌注到裂缝中即可。缝宽≤3 cm 的缝隙先填筑强度等级 M7.5 的干硬砂浆;缝宽>3 cm 的缝隙先填筑细石混凝土,细石混混凝土强度等级 C20,骨料最大粒径在 10 mm 以内,连续级配,坍落度 1~2 cm 为宜;填筑时预留填充深度 3 cm。

(3)尽量顺裂缝部位灌注,避免材料外溢太多,导致修补面过宽而影响美观。可适当高出衬砌面板一点,预留出下沉空间;如果裂缝较为宽大,灌注后材料因自然下沉会出现凹陷,此时可进行二次灌注,可加强修补效果。

### 5.2.5　路缘石与排水沟补灌沥青灌缝工艺及要求

#### 5.2.5.1　问题分类及处理方法

路缘石与排水沟灌缝一般采用乳化沥青填缝。路缘石与排水沟裂缝处补灌沥青缝应当注意保护坡面草体,不得破坏坡面绿化及种植植被。施工过程中防止废料进入渠道内部污染水体。杜绝沥青在拌制、施工过程中撒落,对其他建筑物造成污染。临水面作业所有参与现场施工的人员必须穿戴救生衣,参与具体操作的人员必须佩戴好安全绳才能进入工作面。

#### 5.2.5.2　质量标准

补灌沥青缝一般采用黏度较低的热沥青灌缝,缝内潮湿时应采用乳化沥青灌缝。乳化沥青应具有良好的弹性、流动性和黏结力。对于过细的裂缝,除让乳化沥青自然下渗外,可用刮刀沿裂缝方向刮出 4~5 cm 宽的灌缝带。对于宽度超过 5 mm 的裂缝,在灌缝前应去除松动的沥青混凝土,在缝隙中填充细粒式沥青混凝土。

#### 5.2.5.3　器械工具、材料及工艺

1）器械工具

器械工具包括钢丝刷、水壶、刮刀、高压吹风机、细颈漏斗。

2）材料

沥青型号采用 130#A 级,针入度(25 ℃,5 s,100 g)为 120~140 mm,沥青的软化点为≥40 ℃,10 ℃延度不小于 50 cm,蜡含量(蒸馏法)不大于 2.2%。

3）处理工艺

(1)先将裂缝部位的浮土等杂物清理出裂缝,并用高压吹风机吹干净,如有松散部位一并清理干净。切勿带积水作业,如有积水应先将积水吸出并晾干后再施工。

(2)路缘石与排水沟沟槽空隙用热沥青或乳化沥青填缝,填充方法为:将黏度较低的热沥青(缝内潮湿时应采用乳化沥青)灌入缝内,灌入深度约为缝深的 2/3,同时填入已筛好的干净的石屑或细砂并捣实。最后将溢出的沥青清理干净。

# 5.3　警示柱维修

## 5.3.1　警示柱修补

#### 5.3.1.1　问题分类

修复变形或局部破损的警示柱,局部破损是指顶面或侧面边角部位损坏、内部钢筋骨架未发生变形的情况。

#### 5.3.1.2　质量标准

表层局部破损部位采用人工进行凿毛,露出密实混凝土后,采用人工抹压丙乳水泥砂浆进行处理。处理后的表层应与原面板颜色一致并与周边混凝土相适应,避免出现材料结合不好造成的二次开裂,面板表面清洁,厚度均匀,填充密实。

#### 5.3.1.3　器械工具、材料及工艺

1）器械工具

器械工具包括水泥砂浆搅拌机、手持式水雾喷壶、抹泥刀、油灰刀、钢丝刷、毛刷、扁凿、铁锤。

2）材料

警示柱修复采用丙乳砂浆,各组分要求如下:水泥采用 42.5 号普通硅酸盐水泥。砂选用粒径小于 2.5 mm 的过筛细砂,要求干燥,不含泥土和杂质。丙乳砂浆配合要求:灰砂比 1:1~1:2;灰乳比 1:0.15~1:0.3;水灰比 40%左右。施工前应根据现场水泥和砂子及施工和易性要求通过试拌确定水灰比,丙乳砂浆应尽量选用小水灰比。打底和最后刷面层采用的丙乳净浆配合比为丙乳:水泥=1:2。

3）处理工艺

(1)界面处理。清除警示柱破损部分混凝土,用钢丝刷将修补面刷洗干净,不得有残留碎屑及粉尘;钢筋锈蚀的,需用铁锉或砂轮将铁锈打磨干净。

(2)界面干燥后,涂刷一遍打底丙乳净浆,然后手工涂抹拌制好的丙乳砂浆,恢复原断面,最后用丙乳净浆刷面层。

(3)丙乳砂浆终凝时间约为 4 h,拌制的砂浆必须在初凝时间内使用。

### 5.3.2　警示柱更换

#### 5.3.2.1　问题分类及处理方法

更换严重破损的警示柱。严重破损是指柱身有贯穿性断裂、松动、脱落,或钢筋骨架发生变形。新制作警示柱分两种形式:A 型和 B 型。A 型警示柱适用于一级马道及对外连接坡道的临水侧,B 型警示柱适用于一级马道及对外连接坡道的背水侧。

#### 5.3.2.2　质量标准

植筋用的钢筋必须符合设计规定,并保证表面洁净,无严重锈蚀、油渍。钢筋应有足够的长度以便于植筋、检测及搭接。钻孔的孔径和孔深应符合设计要求。在雨天等相似情况下植筋时,钻孔、清孔、植筋应连续进行,并有相应措施保证孔壁干燥、洁净。应采用硬塑毛刷及硬质尼龙刷、压缩空气进行清孔,不宜用水冲洗。植筋胶应首先分别搅匀,再按比列混合,否则不宜使用。注射器的混合管应伸入孔底开始注胶,边注射边提升,以保证无气泡。混合管不够长时应使用延长管。注胶量应以插入钢筋后有少许溢出为准。钢筋应清刷干净,插筋时应慢慢地旋转插入,宜一次插入。种植较大直径的钢筋时,可用铁锤敲击外露钢筋端部,以确保钢筋完全插入。植筋完毕后,应保证植入的钢筋在植筋胶固化前不受外力影响。

#### 5.3.2.3　器械工具、材料及工艺

1）器械工具

器械工具包括电钻、空压机、高压风枪、泡沫板、钢筋切断机、小货车、搅拌器、植筋胶枪、锚杆拉拔计。

2）材料

所用材料有植筋胶、预制警示柱。

3)处理工艺

(1)放线。根据变更指示,安排测量人员进行警示柱构件位置、尺寸的放线定位,并依据设计通知附图在相应位置标出每根钢筋需植入的位置和长度。

(2)钻孔。根据现场测量的放线定位进行机械成孔,采用电钻钻孔。钻孔过程中,边钻边取出混凝土,并用高压风枪将孔内杂物清除。在钻孔过程中如遇到原混凝土构件钢筋需避开。

钻孔直径为 12 mm,钻孔深度为 180 mm。钻孔成型后使用土工布暂时封堵孔口,保证孔内清洁。

(3)凿面。根据设计要求的警示柱位置,对原混凝土构件(路缘石和排水沟)的顶面进行混凝土凿面,凿面深度为 5 mm,要求凿面轻锤、凿毛,并去掉松散颗粒,用钢丝刷刷干净,最后用水进行多次冲洗。

凿面过程中,对渣料进行处理时,不能掉入孔中,凿掉的渣料使用人工装填,3.5 t 自卸汽车运出施工现场。

(4)清孔。钻孔完毕,检查孔深、孔径合格后将孔内粉尘用空压机吹出,然后用小毛刷将孔壁刷净,再次用压缩空气吹孔,应反复进行 3~5 次,直至孔内无灰尘碎屑,最后用棉布蘸丙酮拭净孔壁,将孔口临时封闭。若有废孔,清净后用植筋胶填实。

(5)注胶并安装警示柱。原混凝土(路缘石和排水沟侧)凿面位置,抹 5 mm 厚 M10 水泥砂浆,便于原混凝土与警示柱连接。

警示柱插筋钢筋表面刷蘸 5% 浓度的盐酸除锈,用清水冲洗晒干后再用丙酮液去油。

(6)固化。植筋胶有一个固化过程,日平均气温 25 ℃ 以上 12 h 内不得扰动警示柱,日平均气温 25 ℃ 以下 24 h 内不得扰动警示柱。

## 5.3.3 警示柱刷漆修复

### 5.3.3.1 处理方法

警示柱刷漆修复一般采用砂纸打磨后刷漆的方式,刷宽 10 cm 红白相间反光漆,警示柱平均高 50 cm,为六边形,边长 6 cm。

### 5.3.3.2 质量标准

材料品种、颜色应符合设计和选定样品要求,严禁脱皮、漏刷、透底,无透底、流坠、皱皮。表面光亮、光滑、均匀一致,颜色一致,无明显刷纹。表面平整度为 2 mm,垂直度为 3 mm,阴阳角垂线或平线偏差不大于 0.5 mm,灯槽立板垂直、顺直。

### 5.3.3.3 器械工具、材料及工艺

1)器械工具

器械工具包括钢丝刷、油漆刷、钢尺、泥抹子、纸胶带、风枪、油漆刷。

2)材料

所用材料有水泥砂浆、腻子粉、反光漆。

3)处理工艺

(1)警示柱轻微破损修复时,清除警示柱风化、破损部分混凝土,用钢丝刷将修补面刷洗干净,不得有残留碎屑及粉尘及清理掉漆部分,除灰、打磨、擦洗干净。

（2）用腻子粉满刮腻子 1 遍后,打磨光滑。

（3）警示柱顶部刷油漆。警示柱断面为等边六棱体,边长 6 cm,高度为 35 cm;刷红白相间反光漆,色带均匀,间隔 10 cm;基层清理后满刮腻子 1 遍,等干不小于 1 d,砂纸打磨、刷底油 1 遍,等干不小于 1 d。先刷白色漆,刷完后粘贴纸胶带,等白色漆干后再刷红色漆,最后撕掉胶带刷面漆 1 遍。

（4）施工注意事项。喷刷油漆过程中注意防止滴落的油漆污染地面。打磨、涂刷门体油漆时,施工人员应穿戴相应的防护服,佩戴护目镜,防止在打磨漆面过程中损伤皮肤和重要器官。施工过程中注意凿除的混凝土弃渣和水泥砂浆废渣,防止废料进入渠道内部污染水体。

# 5.4　安全防护网维修

## 5.4.1　问题分类及处理方法

安全防护网按破损程度分为螺栓丢失、损坏、松动,立柱倾斜、掉漆和防护网严重损坏更换三种。分别采取补充更换螺栓、拆除立柱重新安装、更换防护网等方法进行处理。

## 5.4.2　质量标准

对于螺栓丢失、损坏、松动的情况,应当及时更换配件修复;对于立柱倾斜或影响防护网封闭效果的情况,应当采取拆除立柱重新安装的方式修复;立柱掉漆应当重新打磨后刷漆修复;对于安全防护网破损较严重的,应当及时更换防护网。

（1）立柱及斜撑基础混凝土强度、尺寸必须满足设计要求。

（2）立柱垂直度允许误差为±3 mm/m,立柱标高允许误差为±10 mm,立柱间距允许误差为±20 mm。

（3）立柱及斜撑的标称长度允许误差为 5 mm/m,立柱钢管及斜撑角钢的宽度允许有 3 mm 的正公差,弯曲度不允许大于 5 mm/m。网丝直径允许误差为-0.03~0.04 mm。

（4）隔离网栏的连接件应按设计图纸要求正确连接就位,并采用防盗螺栓拧紧固定。

（5）金属网片不得有明显变形及脱焊、虚焊,表面不得有气泡、裂纹、疤痕、折叠等缺陷,网片颜色一致,防腐材料不得有脱落。

## 5.4.3　安全防护网维修工艺及要求

1）器械工具
器械工具包括螺栓、砂纸、刷子、钢锯、扳手、铁锹、水泥砂浆搅拌机。

2）材料

（1）防护网栏为草绿色,高度为 2 m。

（2）立柱采用方形冷拔钢管,外边长 50 mm,壁厚 4 mm,两端加堵头,埋深 40 cm,斜撑采用 45 mm×45 mm×4 mm 角钢,网片采用 φ4 mm 低碳钢丝,间距 7 cm×15 cm（宽×

高),顶部以下 30 cm 处向外折弯 30°。网片框架为 40 mm×4 mm 扁钢,网片沿立柱中心线设置。

(3)立柱及网片上均设焊耳,立柱与网片及斜撑采用防盗螺栓连接,立柱、网片、斜撑及焊耳均浸塑防腐,塑层厚度 0.4~0.6 mm,螺栓表面热浸镀锌。

(4)一般段立柱混凝土支座尺寸为 30 cm×30 cm×50 cm,斜撑处立柱混凝土支座尺寸为 40 cm×40 cm×60 cm,斜撑混凝土支座尺寸为 20 cm×20 cm×30 cm。混凝土等级为 C20F150。

3)处理工艺

(1)场地清理。用人工清理安装防护栏杆区域内的杂物,并将各部位的杂物集中堆放,最后用小型货车将全线杂物运输到指定地方集中进行处理。

(2)施工放样。平坡段、斜坡段施工放样。测量人员根据现场布设的控制点、设计图纸中隔离设施的平面位置、实际地形及地物条件确定出控制立柱的平面位置,然后定出立柱中心线,测量立柱的准确位置、基础标高,并做出标记。

(3)浇筑垫层。混凝土强度等级为 C20,抗渗等级为 F150,用搅拌机集中拌制,然后用小型货车运输至施工部位,人工将该部位所需的混凝土用铁锹转入混凝土料仓。然后用铁锹将混凝土转入立柱基坑内浇筑 10 cm 厚垫层,斜撑处立柱混凝土支座浇筑 20 cm 厚垫层,浇筑过程中振捣密实,并确保垫层厚度符合施工图纸要求。

(4)安装立柱。立柱每隔水平间距 2m 埋设一个,立柱的埋设应分段进行,用钢尺确定垫层中心后埋设第一根立柱并确保立柱中心位于垫层中心,然后用夹具、钢丝、钢筋、可调节螺栓做成临时支撑将其固定,并用测尺检查其垂直度,保证立柱在铅垂面上。待斜撑混凝土支座浇筑至 5 cm 厚时,开始安装斜撑,斜撑每隔水平距离 30 m 埋设一根,并在转角大于 30° 及跨沟的立柱部位设横向斜撑。斜撑埋设于网栏的外侧,埋设斜撑时应控制好斜撑与立柱的间距、斜撑垂直段露出混凝土支座的长度。

(5)浇筑混凝土。混凝土强度等级为 C20,抗渗等级为 F150,用搅拌机集中拌制,然后用小型货车运输至施工部位,人工将该部位所需的混凝土用铁锹转入混凝土料仓。待立柱、斜撑埋设完成后用铁锹把混凝土运入基坑内开始浇筑混凝土,并振捣密实。混凝土浇筑过程中应用测尺及时检查立柱、斜撑垂直度,避免在振捣的过程中导致立柱、斜撑偏位。

(6)混凝土养护。混凝土浇筑完成,在混凝土初凝后,专人进行洒水养护一周,确保混凝土处于正常的润湿状态。

(7)压实处理。立柱支座、斜撑支座浇筑完成,待混凝土初凝后进行支座周围压实处理。

(8)防护网栏安装。立柱基础混凝土强度达到设计强度的 70% 后,进行防护网栏安装。防护网栏安装分段进行,即埋设 1 000 m 的立柱后开始安装防护网栏。网栏运输至现场后分块平放于立柱间。搬运网栏应轻拿轻放,防止碰撞损坏网栏。安装网栏过程中应先锚紧网栏一端的中间焊耳,然后锚紧另一端中间焊耳,最后将网栏螺栓全部锚紧。

# 5.5　排水沟清淤、破损修复

## 5.5.1　排水沟清淤

### 5.5.1.1　问题分类及处理方法

排水沟清淤分为坡面排水沟清淤和穿运行路面排水沟清淤两种。一般采用人工铁锹清运处理。

### 5.5.1.2　质量标准

排水沟清淤后应达到干净、平整的效果,排水沟内无任何淤泥、污物。排水沟修复后缺陷部位应当平整。

### 5.5.1.3　排水沟清淤器械工具、工艺

1) 器械工具

器械工具包括铁锹、三轮车。

2) 排水沟清淤、修复处理工艺

(1) 根据排水沟积水情况,人工对排水沟积水进行抽排,无积水部分可不进行抽排。当排水沟预计厚度超过 5 cm 时,应立即安排清理排水沟,每年入冬前应对排水沟全面清理一次。

(2) 根据排水沟的宽度和部位选择机械开挖或者人工开挖,人工进行淤泥开挖,清理至排水沟基面。

(3) 土质边坡排水沟,根据清淤量分情况处理,零星淤泥可适量铺在坡面草体中,稍大量泥块禁止堆积在马道或排水沟上方,应将淤泥运出渠道,运输过程中应避免渣土撒落污染渠道马道环境。

(4) 路面排水沟清淤,清理出来的淤泥应立即装三轮车拉走,禁止对路面造成污染。

## 5.5.2　排水沟破损修复

### 5.5.2.1　问题分类及处理方法

对于排水设施出现局部沟体破损、裂缝时,应进行高强度等级砂浆修复。

### 5.5.2.2　质量标准

表层局部破损部位采用人工进行凿毛,露出密实混凝土后,采用比原混凝土高一个强度等级的早强型微膨胀细石混凝土浇筑。处理后的表层应与原面板颜色一致,并与周边混凝土相适应,避免出现材料结合不好造成的二次开裂,面板表面清洁,厚度均匀,填充密实。

### 5.5.2.3　器械工具、材料及工艺

1) 器械工具

器械工具包括水泥砂浆搅拌机、手持式水雾喷壶、抹泥刀、油灰刀、钢丝刷、毛刷、扁凿、铁锤。

2）材料

自密实混凝土是指不需要任何振捣措施,仅依靠自身重力,自动填充于钢筋密集、结构复杂及钢管等混凝土浇筑难度很大的部位的混凝土。在浇筑过程中,不出现离析、泌浆等现象,有极好的流动性、填充性和间隙通过性。

早强微膨胀自密实混凝土是在自密实混凝土的基础上,加入一些外加剂和矿物掺和料,提高自密实混凝土的早期强度,改善自密实混凝土因胶凝材料多而引起的体积收缩现象,使自密实混凝土体积微膨胀,满足实际施工要求。

3）处理工艺

(1)凿除。在凿除的过程中最应该注意的一点是防止对结构整体的扰动,所以凿除时必须用人工进行凿除,将风化部分全部凿除,用钢丝刷等工具清除裂缝表面的灰尘,浮渣及松散层等污物,并将拆除部分运出渠道。

(2)支模。支模前先将凿除的混凝土碎片清理干净,在支模时预先在模板的顶部留置进料口和振捣口,等混凝土达到一定强度后再人工凿除。在支模时搭好作业平台,以便混凝土施工。

(3)保湿。在支模后开始对原混凝土进行保湿,在模板内塞满湿润了的麻袋(或旧衣服等吸水性能强的材料),做到每 2 h 对其浇水一次,保证下部混凝土的湿润,待混凝土湿润 24 h 后方可浇筑。

(4)浇筑。在模板验收合格、原混凝土湿润透后再进行新混凝土的浇捣。把模板内的麻袋取出并用水再次冲洗干净。在浇捣前先用 1∶1 的水泥砂浆接浇,以保证新浇捣的混凝土的性能与质量。新浇捣的混凝土应该采用同一品牌且比原混凝土高一个强度等级的早强型微膨胀细石混凝土,为了防止混凝土出现收水现象,新浇捣的混凝土应该采用微膨胀混凝土,坍落度控制在 60～80 mm。振捣采用插式振动器,用模内外振捣法振捣,一般每点振捣时间为 20～30 s,过短不易捣实,过长可能会引起混凝土产生离析现象,还可能使模板变形影响混凝土感观质量。浇捣完成应以混凝土表面呈水平、不再显著下沉、无气泡外溢、表面出现灰浆为准,并保证新浇混凝土密实且和原混凝土接触良好。

(5)拆模。混凝土达到一定强度后方可拆模,模板拆除后,用人工轻轻打凿多余的混凝土,防止破坏混凝土结构,并进行磨光处理。

(6)养护。混凝土浇捣完成后对新浇筑的混凝土进行养护,做到每 1 h 内浇水一次,使新浇的混凝土快速水化,在新浇混凝土达到一定强度后方可拆模,拆模后再将塑料薄膜覆盖在修补处,使塑料薄膜和修补处接触良好,持续养护 7 d,使新浇捣的混凝土完全水化。

(7)施工注意事项及安全措施。施工完毕后应注意将大块淤泥运出渠道,避免污染渠道。破面排水沟清淤施工时应当注意避免损坏草体。

## 5.5.3　预制排水沟破损修复

### 5.5.3.1　问题分类及处理方法

预制排水沟在使用过程中因天气、施工质量等,排水沟易发生风化、混凝土破损裂缝等问题,当排水沟大面积损坏时,应对排水沟进行集中更换。

预制块排水沟更换施工流程:破损排水沟清理→基坑清理→基底调平→预制块安装。

### 5.5.3.2　质量标准

排水沟安装后,纵坡顺直、曲线线形圆滑;沟壁平整、稳定;沟底平整,排水畅通,无冲刷和阻水现象;勾缝整齐牢固。混凝土表面平整,施工缝平顺棱角线平整,外露面色泽一致。

砌体表面平整,砌缝完好、平顺,无开裂;勾缝平顺、无脱落;混凝土的表面应平整,蜂窝、麻面不得超过该面面积的 0.5%,深度不超过 10 mm;混凝土表面非受力裂缝宽度不应超过 0.15 mm;沉降缝整齐垂直,上下贯通,填缝材料填塞密实。

### 5.5.3.3　器械工具、材料及工艺

1) 器械工具

器械工具包括装载机、砂浆搅拌机、打夯机、洋镐、撬棍、线、风枪、泥抹子。

2) 材料

所用材料有预制混凝土排水沟、M10 砂浆。

3) 处理工艺

(1) 拆除破损排水沟。拆除破损排水沟后清理外运,拆除施工应避免对边坡造成扰动,机械开挖应控制开挖面,减少回填量。拆除破损排水沟后,采用 GPS 测量仪重新对排水沟进行测量放样,沿路线方向处每隔 20 m 打点(弯道位置要适当加密),撒出排水沟纵向中心线,测出放样点位地面标高。

(2) 基坑清理。基坑开挖采用挖掘机开挖的,先用挖掘机进行粗挖,挖至离基底标高 5~10 cm 时采用人工修整。当基坑开挖至设计标高时,自检标高及基坑尺寸,同时检查纵坡顺直度、曲线线形圆滑度,均合格后及时通知检查验收。

(3) 基底调平。基坑开挖到位,验收合格后,再采用人工挑砂至基坑底进行精准调平,确保沟底平整,整体平顺,能够达到排水畅通、不阻水的要求。平整度及线形满足要求且报验合格后方可安装预制块。

(4) 预制块排水沟安装。预制块运输采用农用货车从构件预制中心装车运至现场,采用人工进行安装、调平。砌筑前,每隔 10 m 设置定位胎架,胎架之间底部和顶部分别拉线,用于控制坡比和平整度。预制块拼装接缝采用薄层水泥浆黏合,确保沟体不漏水。对安装后侧墙外侧的空隙及时采用普通土进行回填,人工夯实,以保证安装后预制块的稳定。预制块安装后必须表面平整、缝线规则、线形平顺。

(5) 注意事项。①基础开挖前,排查地下是否有管线。开挖时,设专人指挥。②作业面应相互错开,严禁违规交叉作业。③砌筑工程施工时,禁止在砌筑好的砌体上行走,不得采用自由滚落的方式运输材料。④现场施工人员必须佩戴安全帽。⑤交叉路口设置醒目警示标牌,施工车辆通过时,派专人指挥交通,同时严禁非施工有关车辆及人员进入施工场地。⑥组织机械操作手学习交通法规和机械安全操作规程,采用考试的方法考察学习情况,并以物质奖励的方式激励;对违规操作机械者给予教育或调换工种。⑦检查施工机械,轮胎机械的转向和制动系统更要仔细检查,杜绝机械带病作业,必要时强制保养,由安全员负责监督检查。⑧保持施工便道的平整和畅通,雨天无积淤,晴天多洒水,在"瓶颈"处采用临时征地的办法加宽便道。

# 5.6　钢大门维护

## 5.6.1　问题分类及处理方法

　　钢大门存在门体倾斜,无法正常启闭;门体变形扭曲,无法正常使用;横销、地面定位销、门底滑轮等配件损坏缺失;门体漆面老旧、脱落等情况。门体倾斜、变形采用人工校正或更换门体进行处理,横销变形采用重新更换方式处理,横销、定位销、门底滑轮等配件损坏、缺失采用更换补齐方式处理,漆面老旧、脱落等情况采用机械打磨、重新涂刷油漆处理。

## 5.6.2　质量标准

　　对倾斜的钢大门采取破碎立柱墩后人工扶正门柱重新浇筑混凝土、破碎立柱墩后处理墩下基础重新浇筑混凝土、重新更换立柱或门体、加大门柱地下埋深的方式进行处理,处理后的门柱应对门体起到稳固的支撑作用,不能频繁出现倾斜情况;对于变形的大门进行人工校正,修复更换后的大门外观形态应与周围门体保持一致,开合顺畅。横销、地面定位销、门底滑轮等配件损坏、缺失的进行重新更换,补齐后的配件功能应与之前保持一致并与其他门体配件形态保持统一。对于漆面老旧、脱落等情况采用打磨门体老旧漆面重新涂刷油漆的方式进行处理,门体老旧漆面必须打磨干净,露出金属本色,涂刷油漆分两次进行,底漆、面漆须涂刷饱满、均匀,涂刷后的漆面保持平顺光滑。

## 5.6.3　钢大门维护处理器械工具、材料及工艺

### 5.6.3.1　器械工具

　　器械工具包括角磨机、钢刷、毛刷。

### 5.6.3.2　材料

　　所用材料有油漆、滚轮、地面定位销、横销、刺丝。

### 5.6.3.3　处理工艺

　　(1)对于立柱倾斜导致的门体倾斜分为四种情况:①由于立柱墩浇筑后未完全凝固就提前启用,导致立柱倾斜带动门体倾斜,采取破碎立柱墩扶正立柱重新浇筑混凝土的方式进行维修处理;②由于地面不均匀沉降造成立柱墩倾斜带动门体倾斜,采用破碎立柱墩后处理墩下基础,重新扶正立柱浇筑混凝土方式进行处理;③立柱和门体锈蚀后导致立柱、门体变形发生的倾斜,采取重新更换立柱、门体的方式进行处理;④对于立柱埋深较浅导致的门体倾斜,采取破碎立柱墩后加大门柱埋深或对门柱地埋部位焊接十字钢架重新浇筑混凝土的方式进行处理,处理方式主要是为了增大埋深部位锚固力,杜绝门柱频繁倾斜的情况发生。

　　(2)对门体倾斜的钢大门进行立柱扶正校正,门体变形的钢大门进行人工校正,如果门体严重变形无法校正,应更换新门体。

（3）对严重变形或缺失横销、地面定位销、门底滚轮等配件进行更换补齐安装。安装后的配件功能、形态、颜色应与之前保持一致。

（4）对打磨门体漆面和涂刷油漆的工作面铺设防污材料，以便回收打磨掉的油漆，防止刷漆过程中油漆滴落对地面和附属建筑物造成污染。

（5）使用角磨机配合钢丝轮打磨清除老油漆，清除后的大门应清晰看到金属本色，对机械难以清理的部位，人工使用钢刷进行打磨，清理干净后，涂刷 1 遍防锈底漆、1 遍面漆，要求漆面饱满、均匀、平滑。

（6）施工注意事项和安全防护措施。机械打磨漆面时，注意控制机械转速和力度大小，避免损伤金属本身。喷刷油漆过程中，注意避免门锁等附属设施沾染油漆造成污染。门体涂刷油漆时，应在门体底部作业面上铺设薄膜或硬纸板等材料，防止滴落的油漆污染地面。打磨、涂刷门体油漆时，施工人员应穿戴相应的防护服，佩戴护目镜，防止在打磨漆面过程中损伤皮肤和重要器官。

# 5.7　永久标识标牌维护

## 5.7.1　问题分类及处理方法

永久标识标牌维护主要包括闸站、园区、渠道、桥梁、桥头及围栏安全警示标识、交通标示设施、宣传标语、界牌、禁采标识、其他修缮项目等永久标识标牌更换、补充安装等相关工作。

## 5.7.2　质量标准

丢失或彻底损坏的标识标牌进行更换处理，材质规格型号内容与现状一致，原标识标牌采用铁丝绑扎统一更换为扣板安装。

标识牌应平整完好，无起皱、开裂、缺损或凹凸变形，标识标牌面任一处面积为 50 cm×50 cm 的表面上，不得存在总面积大于 10 mm² 的一个或一个以上气泡。

防撞墩警示贴等安装后应平整，夜间在车灯照射下，底色和字符应清晰明亮，颜色均匀，不应出现明暗不均的现象。

## 5.7.3　永久标识标牌处理器械工具、材料及工艺

### 5.7.3.1　器械工具
器械工具包括电焊机、发电机、手电钻。

### 5.7.3.2　材料
所用材料有油漆、胶带、刷子、燕尾丝。

### 5.7.3.3　处理工艺
（1）严格按设计文件要求先取材料，所有材料必须附有材质证明。标志结构、标志板加工制作必须正确，字符、图案颜色必须准确。

（2）铝板按尺寸及技术要求进行剪切，用弯边机弯边，用铝铆钉进行铆接，然后将铝板洗干净并保持干燥，最后用粘膜机将底膜贴在铝板上，再按设计文件要求的字、图，将其用转移纸贴在底膜上，将贴好反光膜的标志牌包装分类存放在干燥的房内。

（3）支柱安装并校正好后，即可安装标识标牌。滑动螺栓通过加强筋中的滑槽穿入，通过包箍把标志板固定在支柱上。

（4）标识标牌安装完成后应进行板面平整度调整和安装角度调整。

（5）标识标牌安装完毕后应进行板面清扫，在清扫过程中，不应损坏标志面或产生其他缺陷。

# 5.8　栏杆维护

## 5.8.1　栏杆刷漆

### 5.8.1.1　问题分类及处理方法

对闸室内、翼墙两侧栏杆、退水闸等部位安全防护栏杆脱漆、破损进行维护处理。不满足安全防护需要的栏杆按照原设计标准进行更换；表面脱漆栏杆需进行重新刷漆处理。

### 5.8.1.2　质量标准

选用涂料的品种、型号和性能应符合设计要求。检查方法：检查产品合格证书、性能检测报告和进场验收记录。涂料颜色、光泽、图案应符合设计要求。涂刷均匀，黏结牢固，不得漏涂、透底、起皮和返锈。

### 5.8.1.3　器械工具、材料及工艺

1）器械工具

器械工具包括砂布、铲刀、钢丝刷、棉丝、毛刷、油漆小桶、刷子等。

2）材料

漆的品种、规格、颜色应符合设计要求，并应有产品性能检测报告和产品合格证书。

3）处理工艺

（1）基面清理。

①油漆涂刷前，应将需涂装部位表面的铁锈、焊缝药皮、焊接飞溅物、油污、尘土等杂物清理干净。

②基面清理除锈质量的好坏，直接关系到涂层质量的好坏。因此，此次除锈要求将原有油漆用砂纸打磨露出原色。对闸室内栏杆，使用砂纸对栏杆上面原漆和锈迹进行一次打磨，注意打磨一定要将锈迹和快脱落的油漆全部打磨干净。

（2）刷漆涂装。刷漆在栏杆表面打磨完毕后进行。

①面漆的调制应选择颜色完全一致的面漆，兑制的稀料应合适，面漆使用前应充分搅拌，保持色泽均匀。其工作黏度、稠度应保证涂装时不流坠，不显刷纹。

②面漆在使用过程中应不断搅和，涂刷的方法和方向与上述工艺相同。

③均匀涂刷固锈漆，涂刷 2~3 遍，每遍间隔 3 h 左右。

④待固锈漆干后可以直接涂刷面漆,涂刷 2~3 遍,每遍间隔 3 h 左右。涂刷中可以顺着一个方向涂刷,会比较均匀,施工一周后漆膜效果达到最佳,中间避免磕碰。施工面需要干净、干燥,温度低于 8 ℃及湿度大于 85%时,不建议施工。3~5 d 可使用,但避免磕碰刮擦,7 d 左右漆面达到最佳硬度。

(3)成品保护。

①栏杆刷漆后,24 h 内为养护阶段,应加以临时围护隔离,防止踏踩、碰蹭、损伤涂层。

②栏杆刷漆后,在 4 h 内如遇下雨,应加以覆盖,防止水气影响涂层的附着力。

③喷漆后的栏杆勿接触酸类液体,防止咬伤涂层。

(4)应注意的质量问题。

①刷漆作业气温在 5~38 ℃为宜,当天气温度低于 5 ℃时,应选用相应的低温油漆材料施涂。

②当气温高于 40 ℃时,应停止油漆作业。因构件温度超过 40 ℃时,在钢材表面涂刷油漆会产生气泡,降低漆膜的附着力。

③当空气湿度大于 85%,或构件表面有结露时,不宜进行刷漆作业。

## 5.8.2　不锈钢栏杆更换

### 5.8.2.1　问题分类及处理方法

不锈钢栏杆损坏或缺失时,及时进行补装。施工前熟悉图纸,做好不锈钢栏杆施工工艺技术交底,原有栏杆拆除。施工前应检查电焊工合格证有效期限,应证明焊工所能承担的焊接工作,现场供电应符合焊接用电要求,施工环境应能满足不锈钢栏杆施工的需要。

工艺流程:施工准备→放样→下料→焊接安装→打磨→焊缝检查→抛光。

### 5.8.2.2　质量标准

(1)所有构件下料应保证准确,构件长度允许偏差为 1 mm。

(2)构件下料前必须检查是否平直,若不平整必须矫直。

(3)焊接时焊条或焊丝应选用适合于所焊接的材料的品种,且应有出厂合格证。

(4)焊接时构件必须放置在准确的位置。

(5)焊接时构件之间的焊点应牢固,焊缝应饱满,焊缝表面的焊波应均匀,不得有咬边、未焊满、裂纹、渣滓、焊瘤、烧穿、电弧擦伤、弧坑和针状气孔等缺陷,焊接区不得有飞溅物。

(6)焊接完成后,应将焊渣敲净。

(7)构件焊接组装完成后,应适当用手持机具磨平和抛光,使外观平顺光洁。

### 5.8.2.3　器械工具、材料及工艺

1)器械工具

器械工具包括氩弧电焊机、切割砂轮机、冲击电钻、角磨机、不锈钢丝细毛刷、小锤等。

2)材料

不锈钢管:面管用 φ70 mm 管,其他按设计要求选用,必须有质量证明书。不锈钢焊条或焊丝的型号按设计要求选用,必须有质量证明书。

3)处理工艺

(1)施工前应先进行现场放样,并精确计算出各种杆件的长度。

（2）按照各种杆件的长度准确进行下料，其构件下料长度允许偏差为 1 mm。

（3）选择合适的焊接工艺、焊条直径、焊接电流、焊接速度等，通过焊接工艺试验验证。

（4）脱脂去污处理。焊前检查坡口、组装间隙是否符合要求，定位焊是否牢固。焊缝周围不得有油污；否则，应选择三氯代乙烯、苯、汽油、中性洗涤剂或其他化学药品用不锈钢丝细毛刷进行刷洗，必要时可用角磨机进行打磨，磨出金属表面后再进行焊接。

（5）焊接时应选用较细的不锈钢焊条（焊丝）和较小的焊接电流。焊接时构件之间的焊点应牢固，焊缝应饱满，焊缝金属表面的焊波应均匀，不得有裂纹、夹渣、焊瘤、烧穿、弧坑和针状气孔等缺陷，焊接区不得有飞溅物。

（6）杆件焊接组装完成后，对于无明显凹痕或凸出较大焊珠的焊缝，可直接进行抛光。对于有凹凸渣滓或较大焊珠的焊缝则应用角磨机进行打磨，磨平后再进行抛光。抛光后必须使外观光洁、平顺，无明显的焊接痕迹。

（7）注意事项。

①尺寸超出允许偏差。对焊缝长度、宽度、厚度不足，中心线偏移、弯折等偏差，应严格控制焊接部位的相对位置尺寸，合格后方准焊接，焊接时精心操作。

②焊缝裂纹。为防止裂纹产生，应选择适合的焊接工艺参数和焊接程序，避免用大电流，不要突然熄火，焊缝接头应搭接 10~15 mm，焊接中不允许搬动、敲击焊件。

③表面气孔。焊接部位必须刷洗干净，焊接过程中选择适当的焊接电流，降低焊接速度，使熔池中的气体完全逸出。

# 5.9　安全防护网底部硬化维修

## 5.9.1　问题分类及处理方法

安全防护网易附着攀爬类植物，除草十分困难，冬季着火会烧毁振动光缆。安全防护网底部硬化不仅可以解决除草问题，也消除了安全防护网下部缝隙过大、安全隐患大的问题。对于破碎、缺失部位按照清基、平整、分缝、浇筑的方式处理。

## 5.9.2　施工方法及质量标准

（1）安全防护网下硬化损坏部位，应拆除硬化部位混凝土后，重新浇筑。

（2）未施工部位，应先清理基础面，进行场地平整后，再进行浇筑，浇筑宽度两侧各 30 cm，可结合现场情况调整。

## 5.9.3　施工器械工具、材料及工艺

### 5.9.3.1　器械工具

器械工具包括铁锹、筛子（5 mm）、小推车、振捣器、刮杠、木抹子、铁抹子尺板、小水筒、鬃刷子等。

#### 5.9.3.2　材料

（1）石灰。应用块灰或生石灰粉，使用前充分熟化，不得含有未熟化的生石灰块，其粒径不大于 5 mm，也不得含有过多水分。

（2）水泥。宜用 32.5 级及其以上硅酸盐、普通硅酸盐或矿渣硅酸盐水泥，宜选用同一水泥厂同期生产的同品种、同强度等级、同一出厂编号的水泥。

（3）砂。中砂或粗砂，含泥量不大于 3%。

（4）石子。卵石或碎石，粒径 5~20 mm，含泥量不大于 2%。

#### 5.9.3.3　处理工艺

（1）平整场地。根据基底标高钉好水平控制桩，在垫层宽度加 200 mm 范围内拉线控制，用平锹将地铲平，如土质松软，应先夯砸不少于 3 遍。

（2）灰土垫层施工。一般采用 3∶7 灰土垫层（或依据施工图纸），按规定夯实至设计干密度。

（3）支模板。要拉通线、抄平，两侧各浇筑 30 cm 宽，宽度可根据现场情况适当调整，严禁用砌砖代替模板。每隔 2 m 在围网立柱部位采用闭孔泡沫板进行分缝。

（4）混凝土的拌制。要认真按混凝土的配合比投料，每盘投料顺序为：石子→水泥→沙子→水，应严格控制坍落度（以 30~50 mm 为宜），搅拌要均匀，搅拌时间不少于 90 s。

（5）混凝土的浇筑。清除模板内的杂物，办好隐、预检手续，可适当湿润模板及灰土垫层，但水不可过多，以地面不留积水为宜。

一般采用平板式振捣器，振实压光，应随打随抹，一次完成，提倡用原浆压光。

（6）拆模。当混凝土有一定强度时（表面仍湿润，但用手轻按已按不出手印），拆除侧模，随即用砂浆抹平压光侧边，并用阳角镏子将棱角镏直、压光。

（7）养护。已抹平压光的混凝土应在 12 h 左右用湿锯末覆盖，养护不少于 7 d。

（8）注意事项。冬雨期施工时应另行编制季节性施工方案，采取有效措施，以确保质量。施工期间应对原有设施进行保护，避免造成污染或破坏。

# 5.10　刺丝滚笼维修

## 5.10.1　刺丝滚笼缺陷维修描述

刺丝滚笼在使用过程中会发生损坏、缺失、生锈等情况，影响正常功能时应及时进行更换。

## 5.10.2　刺丝滚笼施工方法及质量标准

刺丝滚笼采用刀片刺绳绕圈后，相邻 2 圈每隔 120° 用刺丝连接卡固定，张开后形成蛇腹网状，张开后每交叉圈安装间距为 20 cm。刺丝滚笼由刺丝连接卡扣与固定在支架上的纵向拉筋相连接。纵向拉筋与支架的连接采用 Φ2.5 mm 的冷拔镀锌钢丝绕 2 圈后拧紧固定。支架设置在跨度 2 m 防护围网的立柱和跨中位置，设置在立柱上部，支架与防护栅栏采用支架抱箍连接。对于已经安装金属网片的防护栅栏,刺丝滚笼直接采用φ2.5 mm的冷拔镀锌钢丝或刺丝连接卡扣固定于金属网横片和金属丝上。

### 5.10.3　刺丝滚笼施工器械工具、材料及工艺

#### 5.10.3.1　器械工具

器械工具包括手套、人字梯、钳子。

#### 5.10.3.2　材料

所用材料有立柱、滚笼刺丝。

#### 5.10.3.3　处理工艺

(1)刺丝滚笼采用刀片刺绳绕圈后,相邻2圈每隔120°用刺丝连接卡固定,张开后形成蛇腹网状,张开后每交叉圈安装间距为20 cm。

(2)刀片刺绳由冲切钢板采用机械轧在钢丝上成型,刀刺宽度22 mm,刀刃垂直间距15 mm,刀刺纵向间距34 mm,芯丝直径为2.5 mm。芯丝由HPB300 φ6.5 mm不锈钢丝加工。

(3)刺丝滚笼由刺丝连接卡扣与固定在支架上的纵向拉筋相连接。纵向拉筋与支架的连接采用φ2.5 mm的不锈钢丝绕2圈后拧紧固定。支架设置在跨度2 m的围网顶部跨中位置,刺丝滚笼直接采用φ2.5 mm的不锈钢丝或刺丝连接卡扣固定于围墙顶部。

(4)刺丝滚笼、纵向拉筋、不锈钢丝、支架、螺母、垫圈等均需采用304不锈钢材质。

(5)所有支架螺栓均采用防盗设计,由防盗螺母、防盗垫圈组成,安装及拆卸需使用专用工具。

(6)刺丝成型后直径误差≤0.05 mm,内丝镀锌前直径误差≤0.05 mm,刀片宽度、长度、刀片间距误差≤1.0 mm。

(7)刺丝滚笼外观不得有裂纹、折叠及明显擦痕。

(8)施工注意事项。安装工人一定要戴好专用手套,防止被刺丝滚笼扎破。安装刺丝滚笼时一定要做到"严直齐美、间距均匀",美观和防护的双结合。刺丝连接卡的位置:施工中,首先要把纵向拉筋拉直,均匀地把刺丝滚笼分开,固定加密支架,随后加固刺丝连接卡。

# 5.11　排水沟横向支撑维修

### 5.11.1　排水沟横向支撑维修描述

为防止一级马道(特别是一级马道以上边坡坡度较高渠段)排水沟挤压变形,发生断裂损坏,对未增加横向支撑的排水沟,增设横向支撑,支撑损坏拆除后重新增设。

### 5.11.2　排水沟横向支撑施工方法及质量标准

横向排水沟支撑采用现浇的方式,通过PVC管材作为模板,两端植入钢筋,起到支撑

排水沟的作用,混凝土振捣要密实。

(1)模具施工前要进行除尘、涂刷脱模剂,脱模剂不得采用废机油代替。模具每次使用后应及时清除表面附着混凝土,以确保模板使用时清洁,保证外观质量。

(2)混凝土浇筑完毕后应对混凝土进行保水潮湿养护,混凝土养护时间最少为 14 d。拆模时养护不得中断,拆完模应对预制块进行土工布加塑料布覆盖洒水养护,养护区设置养护标识牌,标识牌应明确预制块生产日期、养护期限、养护方式及养护责任人。

(3)钢筋进场时,必须对其质量指标进行全面检查,全部检查质量证明文件。按批抽样检查其直径、每延米重量,并抽取试件做屈服强度、抗拉强度、伸长率和冷弯试验。

### 5.11.3　排水沟横向支撑施工器械工具、材料及工艺

#### 5.11.3.1　器械工具

器械工具包括铁锹、水桶、冲洗工具、批灰刀、小车。

#### 5.11.3.2　材料

(1)水泥。宜采用硅酸盐水泥或普通硅酸盐水泥,水泥强度等级不应低于 32.5 MPa。水泥进场应有产品合格证和出厂检验报告,进场后应对强度、安定性及其他必要的性能指标进行取样复试。对水泥质量有怀疑或出厂期超过 3 个月或受潮的水泥,必须经过试验,按其试验结果决定正常使用或降级使用。已经结块变质的水泥不得使用。不同品种的水泥不得混合使用。

(2)石子。应使用质地坚硬、耐久、洁净的碎石、碎卵石和卵石。卵石最大公称粒径不宜大于 19.0 mm,碎卵石最大公称粒径不宜大于 26.5 mm,碎石最大公称粒径不应大于 31.5 mm。粗骨料的含泥量小于 1.5%,泥块含量小于 0.5%。进场后应取样复试,其质量应符合国家现行标准的有关规定。

(3)砂。应采用质地坚硬、耐久、洁净的天然砂、机制砂或混合砂。砂宜采用符合规定级配、细度模数在 2.0~3.5 的粗、中砂,不宜使用细砂。含泥量小于 3%,泥块含量小于 2%,进场应取样复试,其质量应符合国家现行标准的规定。

(4)外加剂。应有产品说明书、出厂检验报告及合格证、性能检测报告,进场后应取样复试,并应检验外加剂与水泥的适应性。有害物含量检测报告应由相应资质检测部门出具。

(5)水。宜采用饮用水。当采用其他水源时,其水质应符合国家现行标准《混凝土用水标准》(JGJ 63—2006)的规定。

#### 5.11.3.3　处理工艺

(1)塑料模具。采用 φ110 mm 的 PVC 管做模板,顶部开约 5 cm 宽的通槽,为便于脱模,在保证结构外露面满足设计尺寸时,制作成外小内大、高强塑料模具、栅栏栏片模具可倒用 80 次,其余模具均可倒用 50 次,达到可倒用次数后检查模具的几何尺寸,达不到要求的立即进行更换。用小铲刀清理模具上残余的混凝土块,然后用清水将模具冲洗干净,晾干后在混凝土接触面上涂脱模剂,涂刷时应均匀、全面,不留死角。

(2)钢筋加工、安装。排水沟两端植入钢筋,φ6 mm 圆钢长 10 cm,排水沟钻孔深 5 cm。钢筋在加工棚内集中下料,严格控制钢筋的下料、加工。钢筋标识内容为成品规格、

数量、长度、使用部位及检验状态。

（3）混凝土浇筑。拌制混凝土配料时，各种衡器应保持准确。对砂石料含水率进行检测，据以调整砂石料和水的用料。排水沟支撑安装间距为 3~4 m，尺寸为 10 cm×10 cm（宽×高），支撑顶部高度与排水沟顶部高度一致。

（4）混凝土振捣。在混凝土浇筑过程中及时将浇筑的混凝土均匀振捣密实，不随意加密振点或漏振，每点的振捣延续时间以混凝土不再沉落、表面呈现浮浆为度，防止过振、漏振。

混凝土浇筑完毕后，应及时修整、抹平混凝土裸露面。暴露面混凝土初凝前，用抹子搓压至少两遍，使之平整光滑。

（5）养护。混凝土压实成型后，应及时养护，每天应均匀洒水，经常保持潮湿状态。昼夜温差大的地区，混凝土板浇筑后 3 d 内应采取保温措施，防止混凝土板产生收缩裂缝。养护时间应根据混凝土强度增长情况而定，一般宜为 14~21 d。养护期满方可将覆盖物清除，板面不得留有痕迹。

（6）拆模。拆模时间应根据气温和混凝土强度增长情况确定，拆模应仔细，不得损坏混凝土板的边、角，尽量保持模板完好。

（7）施工注意事项。现场拌制混凝土避免对路面造成污染，应做专门防护。人工振捣要密实，避免拆模后出现蜂窝、麻面现象。

简图如图 5-1 所示。

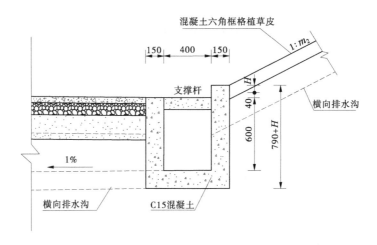

图 5-1　（单位:mm）

# 第 6 章　建筑物维修

## 6.1　屋面防水维修

### 6.1.1　屋面防水常见问题

屋面是建筑物最上层的外围护构件,用于抵抗自然界的雨、雪、风、霜、太阳辐射、气温变化等不利因素的影响,保证建筑内部有一个良好的使用环境,屋面应满足坚固耐久、防水、保温、隔热、防火和抵御各种不良影响的功能要求。渠道现有的建筑物防水经常出现渗漏现象,在维修过程中由于施工不规范造成质量不合格,返工现象比较普遍。为了规范屋顶防水施工,确保施工质量,特制定屋顶防水施工规范。

### 6.1.2　防水施工质量要求

(1)防水层粘贴要牢固,无损伤、翘边、开口、折皱。

(2)卷材搭接误差不大于 10 mm。

(3)卷材搭接缝、收口封闭必须严密、牢固,无脱层等缺陷。

(4)防水层无渗漏现象。

(5)卷材的接缝处理。无论是垂直面还是水平面上的卷材,它的长边及短边搭接宽度应不小于 100 mm 及 150 mm,卷材搭接缝处用喷灯加热,用抹子把边均匀细致地封好。

(6)出屋面管道套管处铺贴。如果套有法兰盘,应将卷材贴在法兰盘上,粘贴宽度不小于 100 mm,铺贴前须将套管上的锈蚀、杂物清刷干净。如果无法兰盘,应增加一个圆环形和长条形附加层。

### 6.1.3　施工器械工具、材料及工艺

#### 6.1.3.1　器械工具

器械工具包括汽油喷灯、乙炔喷火枪。

#### 6.1.3.2　材料

所用材料有 SBS 防水卷材、底油、汽油,SBS 防水卷材进工地必须有出厂合格证,进场后经复试合格方可使用。

#### 6.1.3.3　处理工艺

根据本工程特点及现场状况,粘贴工艺采用热熔法施工。

工艺流程:基层表面清理→刷冷底子油→附加层处理→SBS 改性沥青防水卷材铺贴→检查验收→保护层施工。

（1）基层清理。彻底清扫基层表面杂物及灰尘,并涂刷冷底子油。

（2）冷底子油的涂刷。在水泥砂浆面层上均匀涂刷冷底子油一道,小面积或细部可用毛刷蘸油涂刷,涂刷要求均匀一致,不得有露白见底等现象存在,干燥 2 ~ 4 h。附加层处理:所有的阴角、阳角、转角处均空铺一层卷材附加层,其铺设方法是将卷材裁成 500 mm 宽,搭接宽度为 150 mm,如粘贴两层可省去。

（3）卷材粘贴。将改性沥青防水卷材按铺贴长度进行裁剪并卷好备用。以平面(水平找平层面)距边墙 600 mm 处为卷材搭接起点,平立面卷材长边搭接宽度 100 mm,短边搭接宽度 150 mm。粘贴时,用汽油喷灯从卷材与粘巾基面成 60°夹角,均匀往返烘烤,卷材加热时间不易过长或过短,以刚烤出沥青油为最好。手扶卷材两端向前缓缓滚动铺设,要求用力均匀、不窝气,铺设压边宽度应掌握好。上下两层卷材错开 1/3 幅宽。

（4）女儿墙卷材的粘贴。铺设立面,卷材自下向上进行,为了便于操作,卷材长度裁成 2 m 左右,铺贴时先将卷材下段用热熔法粘住,然后一个人随着喷灯的移动自卷材下面开始,向上及左右两侧用力压平、压实,以挤出沥青油为好,高度距平面不小于 600 mm。女儿墙面做防水前,应先清除混凝土墙接槎处的跑浆等混凝土疙瘩,割除墙面穿墙螺杆头,呈"凹"形,凹处用防水砂浆抹平,墙面整体用水泥砂浆找平,干燥至含水率小于 9%,方可进行防水卷材粘贴。

（5）施工注意事项。严格遵守现场各种安全保卫及文明施工的规章制度;施工人员必须按规定穿戴劳动保护用品,方可进入作业区域,按规程操作,不得违章作业;现场严禁吸烟、用火;防水材料设专人管理、发放,分类保存并保持安全距离,尤其是有稀释剂(如汽油、二甲苯等)等易挥发、易燃的材料;注意成品保护,不得在防水层上剔凿打孔,不得穿钉鞋在防水层上走。

# 6.2　墙面真石漆维修

## 6.2.1　外墙真石漆常见问题

真石漆是一种装饰效果酷似大理石、花岗岩的涂料。主要采用各种颜色的天然石粉配制而成,应用于建筑外墙的仿石材效果,因此又称液态石。真石漆在外墙上应用比较普遍,目前外墙破损也比较普遍,在修复过程中由于施工不规范,不能保证质量。为了规范施工,确保质量,制定真石漆施工规范。

## 6.2.2　外墙真石漆施工质量标准

（1）基层要求。要求平整、干燥(有 10 d 以上养护期),无浮尘、油脂及沥青等油污,墙基 pH<10,含水率<10%,并对整体墙面进行检查,看是否有空鼓现象,并对多孔质、粗糙表面进行修补打磨,确保墙面整体效果。

（2）施工工具准备。准备油灰刀、钢丝刷、腻子刮刀或刮板、砂纸、专用喷枪、空压机、薄膜胶带、塑料防护眼镜、口罩、手套、塑料桶、粉线包等。

## 6.2.3 器械工具、材料及工艺

### 6.2.3.1 器械工具

器械工具包括砂纸、油石或角磨机、喷枪、吊篮。

### 6.2.3.2 材料

所用材料有真石漆专用砂浆腻子、底漆、真石漆。

### 6.2.3.3 处理工艺

工艺流程:基层处理→涂刷底漆→单项验收→成品保护→打磨→喷中层漆→涂刷罩面漆。

(1)基层处理。对于抹灰墙面应要求表面平整坚固,对缺棱掉角的地方要事先修补完成。抹灰墙面要干燥,基层含水率8%,然后进行饰面刮腻子处理,刮完腻子的饰面不得有裂缝、孔洞、凹陷等缺陷。

(2)涂刷封底漆。为提高真石漆的附着力,应在基础表面涂刷一遍封底漆。封底漆用滚筒滚涂或用喷枪喷涂均可,涂刷一定要均匀,不得漏刷。

(3)喷仿石涂料。喷涂前应将真石漆搅拌均匀,装在专用的喷枪内,然后进行喷涂,喷涂应按从上往下、从左往右顺序进行,不得漏喷。真石漆喷涂时应先快速地薄喷一层,然后再缓慢、平稳、均匀地喷涂。喷涂的效果与喷嘴的大小及喷嘴与墙面的距离有关,喷嘴与墙面的距离应控制在0.4~0.8 m,不得过大或过小。

(4)施工注意事项。

①产品使用注意事项。使用前搅拌均匀,涂刷时根据实际情况使用不多于25%(体积比)的清水稀释;气温低于5 ℃、相对湿度大于85%时,严禁施工;两次涂刷时间间隔不小于2 h。

②底材处理注意事项。新墙表面处理注意清除表面灰尘、油腻和松散灰砂,修补墙面空隙,确保墙面清洁、干燥、平整;重涂封面处理,铲除旧墙不牢固漆膜,清除表面灰尘、杂质,找平、打磨、清洗并彻底干燥。

③先用抗裂砂浆修补墙面坑洼处,用抗裂砂浆重新抹一遍,干燥后做适当打磨修正;对于墙基础存在裂缝的要进行挂网处理。

④先用直尺或标线做出直线记号,然后用黑漆描线,再贴美纹纸分格,贴美纹纸必须先贴横线,再贴竖线。封有接头处,可钉上铁钉,以免喷涂后找不出胶带源头。若是贴了美纹纸的,则要去除美纹纸。将真石漆喷涂完成后要立即撕掉美纹纸,去除时要注意尽量往上拉开。

⑤将真石漆搅拌均匀,装在喷枪内,然后按照从上往下、从左往右的顺序进行喷涂,且喷涂的厚度在2~3 mm即可,喷涂时要缓慢、平稳且均匀。喷涂时要注意喷嘴与墙面的距离。

⑥等待真石漆完全干透后,滚涂罩光面漆。滚涂时注意温度不低于10 ℃,涂两遍,中间时间要间隔2 h。

# 6.3　墙面及平顶维修

## 6.3.1　墙面问题

现场建筑物内墙由于墙面洇湿、屋内潮湿造成墙面起皮、脱落,在平时维护中经常存在处理不合格,造成反复处理,不但增加了处理的成本,还影响工程形象。本节从质量控制的角度着重描述内墙处理的工序、处理过程中的注意事项。通过标准化的维护提高维护水平,提升工程形象。

## 6.3.2　质量标准

乳胶漆应符合设计要求,膝膜牢固。乳胶漆表面质量应符合下列要求:无掉粉、起皮,无漏刷、透底、无反碱、咬底、无流坠、疙瘩、无砂眼、无刷纹,装饰线、分色线平直(拉5 m通线,不足5 m拉通线检查),偏差不大于1 mm,门窗、灯具等洁净。

## 6.3.3　器械工具、材料及工艺

### 6.3.3.1　器械工具

器械工具包括软毛刷、砂纸、辊刷、喷枪、小水桶、抹布、风机、喷枪等。

### 6.3.3.2　材料

(1)腻子。用符合《建筑室内用腻子》(JG/T 298—2010)要求的成品腻子。现场调配的腻子应坚实、牢固,不得粉化、起皮和开裂。

(2)木基层封闭涂料。醇酸清漆、醇酸稀释剂。

(3)底涂料。水性或溶剂型涂料,与面涂料有良好的配套性。

(4)面涂料。应符合《合成树脂乳液内墙涂料》(GB/T 9756—2018)的规定。

### 6.3.3.3　处理工艺

(1)墙面修补找平。要求基层必须平整坚固,不得有粉化、起砂、空鼓、脱落等现象。基层不平和坑洼面应用腻子刮平。后一遍腻子应在前一遍腻子完全干后,方能施工(批腻子前要把破损墙面铲除干净,对于墙体有裂缝位置应做好抗裂措施)。

(2)刮腻子。一般来说,在墙砌好后进行两道抹灰,第二道为对基面加以修饰效果的补平,所以一般都会批腻子,腻子的作用是让墙面更平整一点。

(3)墙面打磨。刮腻子后,总有些高低不平,或者基层不是很平整的面。这个时候,需要砂纸出动,进行手工打磨、修复。中间还可以用太阳灯照明,便于检查平整度。再用砂纸打磨,不断完善。

(4)乳胶漆的涂刷工序。涂料的施工方法多数有排刷、辊刷、喷枪、批四种。

①排刷最省料,但比较费时间。由于乳胶涂料干燥较快,每个刷涂面应尽量一次完成;否则,易产生接痕。手动刷时,必须从一个点开始,按顺序开始,不要东刷一下,西刷一下,这样容易漏刷或者出来的效果会不均匀、难看。当手刷时,沾的涂料不要过多,以刚好

不会掉下来为好;否则,刷墙容易出现"落泪"的现象。

②辊刷进行滚的作业,在效果各方面都是比较普通的,浪费乳胶漆程度比较厉害,但是相对而言,这是性价比较高的施工方式。辊涂时,为避免辊子痕迹,搭接宽度为毛辊长度的1/4,一般辊涂两遍,夏季间隔应在 2 h 以上,冬季可能需要更多时间。

③喷枪的效果比较好,会出现墙面的颗粒状,比较自然,速度快,省时,但是不太容易修补。喷涂时手握喷枪要平稳,喷嘴距离墙面最好在 30~50 cm,不能太近或过远。喷枪有规律地移动,横、纵向呈"S"形涂墙面。一般应以 400~600 mm/min 的速度匀速运动。要注意接茬部位颜色一致、厚薄均匀,且要防止漏喷、流淌。

④批的效果最好,但最费料。不过,批的话可以不用太好的涂料,普通的乳胶漆批出来的效果也很好。

(5)注意事项。

①作业时,使用的乳胶漆,或者其他材料最好是一个品牌、一个型号,最好别同时使用多个牌子,以免出现色差及引起质量问题。

②使用过的排刷辊子,第二天使用,就应该清洗干净,再用冷水浸泡着,以免发硬发干。

③乳胶漆兑水比例应该按照说明书配制,应按实际情况加水搅拌均匀,加水 20%~30%,保证漆膜丰满莹润。

④第 2 遍的面漆应在第 1 遍的面漆完全干后进行,间隔大概在 2 h 左右。乳胶漆施工的温度至少要在 5 ℃以上。涂刷好后,打开门窗风扇通风,加速干透。

⑤刮腻子、刷面漆时,尽量不要有其他工种作业;否则,会污染到表面效果,特别是颜色。保持施工过程及场地的清洁。

⑥砂纸根据砂粒大小分为不同强度等级。强度等级越高,颗粒越细;强度等级越低,颗粒就越粗糙。在施工中根据不同的工艺选择不同型号的砂纸。

⑦乳胶漆作业时,踢脚线、门、设备、角线等交接部分,最好用分色纸贴上,以免染色,完毕后才撕开。

# 6.4　瓷砖维修

## 6.4.1　踢脚线维修

### 6.4.1.1　踢脚线问题分类及处理方法

室内踢脚线多有发生隆起、脱落现象,维修时应充分利用未损坏的瓷砖,选购新瓷砖时也应尽量选取颜色一致的瓷砖。

### 6.4.1.2　踢脚线施工方法及质量标准

踢脚线与地板衔接的最大间隙应小于 3 mm,用 1 元钱的硬币塞一下,如果塞进去 2个以上则可能间隙过大。铺贴踢脚线前应先将带有白水泥的墙体铲干净,在铲净水泥后,应对将铺贴位置刷上 107 胶与水泥的混合物,然后再贴砖,这样可以使砖贴得更牢固。

#### 6.4.1.3　维修器械工具、材料及工艺

1) 器械工具

器械工具包括铁锹、灰桶、水桶、水平仪、橡皮锤、抹灰刀、云石机、抹布。

2) 材料

所用材料有瓷砖、素水泥、砂。

3) 处理工艺

(1) 施工前应认真清理墙面,提前 1 d 浇水湿润。

(2) 按需要数量将阳角处踢脚板的一端用无齿锯切成 45°,并将踢脚板用水冲净,阴干备用。

(3) 安装时,由阳角开始向两侧试贴,检查是否平直,缝隙是否严密,有无缺边掉角等缺陷,合格后方可实贴。

(4) 根据墙面标筋和标准水平线,用 1∶(2~2.5) 水泥砂浆抹底灰,并刮平划纹,待底层砂浆干硬后,将已湿润阴干的瓷砖踢脚板抹上 2~3 mm 素水泥浆进行粘贴,用橡皮锤敲击平整,并注意随时用水平尺、靠尺板找平、找直。次日,再用与地面板同色的水泥色浆擦缝。

#### 6.4.1.4　注意事项

(1) 踢脚线表面的纹理与地面垂直,看上去没有色差感。

(2) 踢脚线在施工时与地面的实际水平线平行。

### 6.4.2　地板砖维修

#### 6.4.2.1　地板砖问题分类及处理方法

室内地板砖多有隆起、破损等现象,维修时应充分利用未损坏的瓷砖,选购新瓷砖时也应尽量选取颜色一致的瓷砖。

#### 6.4.2.2　地板砖施工方法及质量标准

规范程序:清扫整理基层地面→水泥砂浆找平→定标高、弹线→安装标准块→选料→浸润→铺装→灌缝→清洁→养护交工。

瓷质砖铺装必须牢固,铺装表面平整,色泽协调,无明显色差。接缝平直、宽窄均匀,无缺棱掉角现象,非标准规格板材铺装部位正确、流水坡方向正确。拉线检查误差小于 2 mm,用 2 m 靠尺检查平整度误差小于 1 mm,表面洁净。

#### 6.4.2.3　维修器械工具、材料及工艺

1) 器械工具

器械工具包括铁锹、灰桶、水桶、水平仪、橡皮锤、抹灰刀、云石机、抹布。

2) 材料

所用材料有瓷砖、素水泥、砂。

3) 处理工艺

(1) 地面清扫。地砖铺贴前,应将地面清扫干净,尤其是凝结后的混凝土,如果不清理干净,地砖铺贴后会出现翘边、空鼓等现象。

(2) 放线洒水。根据地面尺寸和地砖尺寸对地砖进行预排,地面洒水要充分湿润,可

以防止空鼓。

（3）砂浆搅拌。要使用两种砂浆，一种是 1∶4 的半干砂浆，用作垫层；另一种是 1∶3 的砂浆，做黏合使用。砂采用水洗后的中砂，细砂主要用于墙面抹灰，中砂主要用于地面找平。

（4）打砂浆基层。一般采用干铺法，砂浆要干湿适度，标准是"手握成团，落地开花"，在铺干砂浆前最好涂刷水灰比为 1∶（0.4~0.5）的水泥浆一道。

（5）试铺。基层找平、夯实，砖底上浆，在地砖的背面全抹一层 1∶3 的砂浆，作为黏合层，厚度不低于 1 cm，涂抹一定要均匀。

（6）铺贴。要用橡皮锤均匀敲击，调整与水平线及其他地砖的水平度和缝隙的大小。如果有条件，用水平尺检查瓷砖是否水平，用橡皮锤敲打直到完全水平。

（7）拉缝。用刮刀从砖缝中间划一道，保证砖与砖之间要有一定的、均匀的缝隙，防止热胀冷缩对砖造成损坏，用刮刀在两块砖上纵向来回划拉，检查两块砖是否平齐。

（8）表面清理。铺贴完成后，要立即清理地砖表面的灰尘和砂浆，以防止砂浆在地砖表面黏结。

（9）勾缝。勾缝处理一般在瓷砖干固之后进行，首先需要清理瓷砖砖缝中的灰尘杂质，然后将勾缝剂挤压填充至砖缝中。注意填充的时候，一定要挤压填充饱满，勾缝过后，及时清理砖面的勾缝材料。

#### 6.4.2.4　注意事项

（1）使用前应检查外包装标明的色号、尺寸是否是自己订购的型号，同一色号的砖是否有色差、断线等缺陷。

（2）铺贴前，瓷砖往往需要在清水内浸泡 20~30 min，滤去水分后才可进行铺贴。

（3）铺贴所用水泥强度等级应为低强度等级，水泥厚度不要过大，一般不大于 5 mm。在铺卫生间地砖时一定要采用防滑质地的。

（4）在铺贴瓷砖时要考虑地漏的位置与尺寸配合。通常地砖的铺设保留 1% 的漏水坡度，以利于排水。地砖接缝要粗细一致，与墙砖缝对齐。

### 6.4.3　外墙瓷砖维修

#### 6.4.3.1　外墙瓷砖问题分类及处理方法

外墙瓷砖发生隆起、破损等现象，维修时应充分利用未损坏的瓷砖，选购新瓷砖时也应尽量选取颜色一致的瓷砖。

#### 6.4.3.2　外墙瓷砖施工方法及质量标准

施工工艺：基层处理→吊垂直、套方、找规矩、贴灰饼→抹底层砂浆→弹线分格、排砖→铺贴面砖→面砖勾缝→清洗墙面。

质量标准：面砖的颜色、品种、尺寸符合要求；面砖粘贴牢固、不易脱落；面砖与面砖之间没有空鼓、裂缝。

#### 6.4.3.3　维修器械工具、材料及工艺

1）器械工具

器械工具包括铁锹、灰桶、水桶、水平仪、橡皮锤、抹灰刀、云石机、抹布。

2）材料

所用材料有瓷砖、素水泥、陶瓷砖黏合剂、砂。

3）处理工艺

（1）基层处理。

①结构施工时，外墙的垂直度、平整度应达到标准要求。刮糙之前将凸出墙面的混凝土凿平，凹处用 1∶3 水泥砂浆补平，补平厚度较大时应分层补。当厚度或垂直度偏差超过 35 mm 时，需采取钉钢丝网等技术补救措施。

②抹灰前将砖墙面、混凝土面等基层表面的灰尘、污垢和油渍清除干净，不同界面处（如砖墙与混凝土墙交接处）要钉宽 500 mm 的钢丝网。

③对混凝土墙面，应凿毛后用钢丝刷满刷一遍，再浇水湿润或采用界面剂处理表面，使之提高混凝土表面黏结强度。

④外墙角纵向挂 2 mm 钢丝垂线，做上下砂浆灰饼，横向水平线根据窗盘线拉统长线控制。

（2）界面剂。将界面剂以 1∶4 水灰比例调成厚糊状充分搅拌均匀，调匀后的界面处理可用喷涂或铁板直接粉涂，厚度为 2～3 mm。气温较高时干燥的墙面，施工前用水湿润。界面剂上墙 5～15 min（视气温而定），即可进行抹灰，也可待界面剂完全干硬后抹灰。

（3）基层抹灰。抹灰前应对拉墙螺杆预留孔进行灌注膨胀剂封堵，在外墙的预留孔部位凿 40 mm 深喇叭口，并在灌注膨胀剂后，在喇叭口处填 20 mm 厚堵漏王。界面剂涂抹 10～20 min 后，按要求分层分遍抹底层砂浆：底层第一遍砂浆厚度以 10 mm 为宜，抹后用木抹子搓平，隔天浇水养护；待第一遍 6～7 成干时，即可抹第二遍，厚度为 10～15 mm，随即用木长尺刮平，木抹子搓毛，隔天浇水养护。若需粉第三遍，方法同第二遍，直到把底层砂浆粉刷平整。

（4）挂线排砖。在基层抹灰面上，先挂出垂直、水平控制线，再根据面砖的规格尺寸、排列图，挂出面砖控制线。

排砖要求：根据面砖排列图要求，水平缝宽、垂直缝宽分别控制在 5～9 mm 和 3～5 mm。水平缝与窗台面一般在同一水平线上。墙面均为整砖，窗洞两边严格要求对称。排砖成功后，在基层抹灰上挂出每块砖纵、横分格线，保证墙面砖粘贴后灰缝横平竖直。

（5）粘贴。粘贴前应根据面砖的吸水性充分湿水，并晾干。粘贴面砖时砂浆应饱满，并应一次成活，不宜多敲、移动，尤其砂浆收水后不能纠偏移动。粘贴面砖的砂浆宜采用 1∶0.2∶2 的混合砂浆，厚度 7～10 mm。

（6）填缝。填缝有以下两种方法：

①用灰匙喂缝。把水泥砂浆（细砂∶水泥＝1∶2）放在灰板上，抹平成约 5 mm 厚的浆板，再用灰匙分成 5 mm×5 mm 的条状物，往砖缝内送，抹净砖面多余砂浆，尽量避免水泥弄脏砖面。

②大面积抹缝。先用水冲湿砖面，待晾干表面后，用上述比例的水泥砂浆抹缝，待砖

缝砂浆稍凝固后,用橡胶片刮净砖面砂浆,再用海绵湿水拧干,及时擦干净表面至没有水泥的痕迹。

(7)勾缝。砖缝效果有凸凹、凹平与砖平面三种,不同的砖缝设计可取得不同的装饰效果。根据设计要求在填缝完工后,先用工具勾缝,再用干净布将表面抹干净。

(8)清洗保养。填缝完工后约 30 h(具体可根据当时的天气而定),且砖缝凝固到一定强度后,用清水从上至下全面冲洗干净砖面。

#### 6.4.3.4　注意事项

(1)用于二层(高度 8 m)以上外墙保温粘贴的外墙饰面砖,单块面积不应大于 15 000 mm²,厚度不应大于 7 mm。

(2)外墙饰面砖粘贴应采用水泥基黏结材料。

(3)基体的黏结强度不应小于 0.4 MPa,不足时应进行加强处理。

(4)外墙饰面砖粘贴应设置伸缩缝。伸缩缝间距不宜大于 6 m,伸缩缝宽度宜为 20 mm。

(5)外墙饰面砖伸缩缝应采用耐候密封胶嵌缝。

(6)窗台、檐口、装饰线等墙面凹凸部位应采用防水和排水构造。

(7)现场粘贴外墙饰面砖所用材料和施工工艺必须与施工前黏结强度检验合格的饰面砖样板相同。

(8)施工环境温度应在 5～35 ℃,雨、雪天不得进行粘贴施工,施工好的材料 24 h 内应避免淋雨。

# 6.5　散水维修

散水是与外墙脚垂直交接倾斜的室外地面部分,用以排除雨水、保护墙基免受雨水侵蚀。散水的宽度应根据土壤性质、气候条件、建筑物的高度和屋面排水形式确定,一般为 60～100 cm。当屋面采用无组织排水时,散水宽度应大于檐口挑出长度 20～30 cm。为保证排水顺畅,一般散水的坡度为 3%～5%,散水外缘高出室外地坪 3～5 cm。散水常用材料为混凝土、水泥砂浆、卵石、块石等。

## 6.5.1　散水问题分类及处理方法

散水破损、裂缝、沉陷应及时进行修复,散水应分块浇筑,分块长度不大于 6 m,留缝位置应考虑建筑整体效果,散水混凝土强度不小于 C15。散水尺寸应按设计图纸要求,图纸中未明确时,一般灰土垫层宽度不小于 800 mm,厚度不小于 150 mm;混凝土宽度不小于 600 mm,厚度不小于 50 mm。

## 6.5.2　散水施工方法及质量标准

散水施工方法为:场地平整→灰土垫层→支模→混凝土浇筑→表面压光→拆模→侧帮压光→修整养护。

质量要求:

(1)混凝土强度等级为 C20,混凝土所用材料符合施工规范要求。

(2)面层与基层结合牢固,无空鼓、裂纹,散水严禁下沉。

(3)面层表面洁净、密实,无裂缝、蜂窝、麻面、脱皮、起砂等缺陷。

(4)面层表面的坡度符合设计要求(坡度为 4%),不得有倒泛水和积水现象。

(5)缝宽、深度均匀一致,缝内填嵌均匀饱满。

## 6.5.3　维修器械工具、材料及工艺

### 6.5.3.1　器械工具

器械工具包括铁锹、筛子(5 mm)、小推车、振捣器、刮杠、木抹子、铁抹子、尺板、小水筒、鬃刷子等。

### 6.5.3.2　材料

(1)石灰。应用块灰或生石灰粉,使用前充分熟化,不得含有未熟化生石灰块,其粒径不大于 5 mm,也不得含有过多水分。

(2)水泥。宜用 32.5 级及其以上硅酸盐水泥、普通硅酸盐水泥或矿渣硅酸盐水泥,宜选用同一水泥厂生产同期出厂的同品种、同强度等级、同一出厂编号的水泥。

(3)砂。中砂或粗砂,含泥量不大于 3%。

(4)石子。卵石或碎石,粒径 5~20 mm,含泥量不大于 2%。

### 6.5.3.3　处理工艺

(1)平整场地。根据散水基底标高钉好水平控制桩,在散水垫层宽度加 200 mm 范围内,拉线控制用平锹将地铲平,如土质松软,应先夯砸不小于 3 遍。

(2)灰土垫层施工。一般采用 3∶7 灰土垫层(或依据施工图纸),按规定夯实至设计干密度。

(3)支模板。根据散水的外形尺寸支好帮模,放好分隔缝模板,分隔缝模板用木模时两面应用木刨刨光,支设时要拉通线,抄平,做到通顺、平直、坡向正确(向外坡 4%),严禁用砌砖代替模板。

散水与建筑物外墙分离,分隔缝宽 20 mm,沿外墙一周做到整齐一致,纵向 6 m 左右设分隔缝一道,房屋转角处与外墙呈 45°,分隔缝宽 20 mm。分隔缝应避开雨落管,以防雨水从分隔缝内渗入基础。

(4)混凝土的拌制(现场搅拌)。认真按混凝土的配合比投料,每盘投料顺序为石子→水泥→沙子→水,应严格控制坍落度(以 3~5 cm 为宜),搅拌要均匀,搅拌时间不小于 90 s。

(5)混凝土的浇筑。清除模板内的杂物,办好隐、预检手续,可适当湿润模板及灰土垫层,但水不可过多,以地面不留积水为宜。一般采用平板式振捣器,振实压光,应随打随抹,一次完成,提倡用原浆压光。

(6)当散水有一定强度时(表面仍湿润,但用手轻按已按不出手印),拆除侧模,起出分格条,随即用砂浆抹平压光侧边,并用阳角馏子将散水棱角馏直、压光,包括分格缝处棱角,侧边及分格缝内与散水大面的质量要求相同,也要见光,棱角顺直、整齐。

（7）养护。已抹平压光的混凝土应在 12 h 左右用湿锯末覆盖,养护不少于 7 d。

（8）冬雨季施工时应另行编制季节性施工方案,采取有效措施,以确保散水质量。

（9）成品保护。已免墙面保护,必要时立木板遮挡。严禁在已完成的散水上拌和砂浆,以免污染外墙和散水。在覆盖养护期应有专人负责淋水,保持锯末湿润,早期严禁上人。

#### 6.5.3.4　应注意问题及说明

（1）混凝土不密实。主要是漏振和振捣不密实,或配合比不准造成的。

（2）表面不平、标高不准。水平标高线桩不准,操作时未认真拽平。

（3）侧边与大面颜色不一致。主要是由于拆模过晚,后抹的侧边与先抹的大面颜色不一,需掌握好拆模时间。

（4）分格缝填塞不直、污染。填塞沥青砂浆时一定要认真细致,为防止污染,可将分格缝两边覆盖,分格缝内沥青砂浆一定要勾抹烫压平整。

（5）表面不规则裂缝。①不是原浆压光,表面浆皮风裂所致;②3∶7 灰土垫层施工不认真,或坑槽回填时未夯实所致,故在施工前一定要做好施工隐、预检工作。

# 6.6　建筑物排水管维修

## 6.6.1　问题分类及处理方法

建筑排水管脱落、破损时应及时维修。工艺流程:拆除破损的雨水管及固定的配件→挂线锤、弹墨线→冲击钻打眼→卡箍安装→管道安装→卡件固定→闭水试验。

## 6.6.2　质量标准

（1）立管和横管应按设计要求设置伸缩节,横管伸缩节应采用锁紧式橡胶圈管件,当管径大于或等于 160 mm 时,横干管宜采用弹性橡胶密封圈连接形式。当设计对伸缩量无规定时,管端插入伸缩节处预留的间隙:夏季为 5~10 mm,冬季为 15~20 mm。

（2）固定支承件的内壁应光滑,与管壁之间应留有微隙。

（3）管道支承件的间距,立管管径为 50 mm 的,不得大于 1.2 m;管径大于或等于 75 mm 的,不得大于 2 m。

（4）管材、管件等材料应有产品合格证,管材应标有规格、生产厂名和执行的标准号,在管件上应有明显的商标和规格。包装上应标有批号、数量、生产日期和检验代号。

（5）胶黏剂应标有生产厂名、生产日期和有效期,并应有出厂合格证和说明书。

（6）管材和管件应在同一批中抽样进行外观、规格尺寸和管材与管件配合公差检查;当达不到规定和质量标准并与生产单位有异议时,应按建筑排水用硬聚氯乙烯管材和管件产品标准及规定进行复检。

（7）管材和管件均应存放于温度不大于 40 ℃的库房内,距离热源不得小于 1 m,库房应有良好的通风。

(8)管道应水平堆放在平整的地面上,不得不规则堆存,并不得曝晒。当有垫物支垫时,支垫宽度不得小于 75 mm,其间距不得大于 1 m,外悬的端部不宜大于 500 mm。叠置高度不得超过 1.5 m。

(9)胶黏剂内不得含有团块、不溶颗粒和其他杂质,并不得呈胶凝状态和分层现象;在未搅拌的情况下不得有析出物。不同型号的胶黏剂不得混合。

(10)管材或管件在黏合前应将承口内侧和插口外侧擦拭干净,无尘砂与水迹。当表面沾有油污时,应采用清洁剂擦净。

(11)管材应根据管件实测承口深度在管端表面划出插入深度标记。

(12)胶黏剂涂刷应先涂管件承口内侧,后涂管材插口外侧。插口涂刷应为管端至插入深度标记范围内。

(13)胶黏剂涂刷应迅速、均匀、适量,不得漏涂。

(14)承插口涂刷胶黏剂后,应立即找正方向将管子插入承口,施压使管端插入至预先划出的插入深度标记处,并将管道承插接口涂黏结剂后,再将挤出的胶黏剂擦净。

(15)黏结后的承插口管段,根据胶黏剂的性能和气候条件,应静置至接口固化。

## 6.6.3　器械工具、材料及工艺

### 6.6.3.1　器械工具

器械工具包括吊绳(高空作业绳,拉力为 240 000 N)、副绳(安全保护绳,拉力为 22 000 N 左右)、吊板、钢丝绳(直径 10 mm 不锈钢)、"U"形蟹扣(不锈钢制)、自锁器(当工作绳出现问题时,自锁器自动使副绳起安全保护作用)、安全带(纯尼龙绳)、手电钻、冲击钻、手锯、铣口器、活扳手、手锤、水平尺、毛刷、棉布、线坠、墨线盒等。

### 6.6.3.2　材料

所用管材为硬质聚氯乙烯(φ110 mm UPVC)。其他材料有黏结剂(所用黏结剂应是同一厂家配套产品,并有产品合格证及说明书)、硬质聚氯乙烯管配件、卡件、螺栓、螺母、肥皂等。

### 6.6.3.3　处理工艺

(1)预制加工。根据图纸要求并结合实际情况,按预留口位置测量尺寸,绘制加工草图。根据草图量好管道尺寸,进行断管。断口要平齐,用铣刀或刮刀除掉断口内外飞刺,外棱铣出 15°角。黏结前应对承插口进行插入试验,不得全部插入,一般为承口的 3/4 深度。试插合格后,用棉布将承插口需黏结部位的水分、灰尘擦拭干净。如有油污需用丙酮除掉。用毛刷涂抹黏结剂,先涂抹承口后涂抹插口,随即用力垂直插入,插入黏结时将插口稍作转动,以利黏结剂分布均匀,30 s~1 min 即可黏结牢固。黏牢后立即将溢出的黏结剂擦拭干净。多口黏结时应注意预留口方向。

(2)管道安装。施工条件具备时,将已预制好的立管运到安装部位。首先清理已预留的伸缩节,将锁母拧下,取出"U"形橡胶圈,清理杂物。复查上层洞口是否合适。立管插入端应先划好插入长度标记,然后涂上肥皂液,套上锁母及橡胶圈。安装完毕后,立即将立管固定,管道要直。安装完成后应做闭水试验,出口用充气橡胶堵封闭,不渗漏,水位不下降为合格。

（3）黏结剂易挥发，使用后应随时封盖。黏结场所应通风良好，远离明火。

#### 6.6.3.4　安全注意事项

吊绳在施工前必须经过负荷试验，经过试验检查吊绳的安全性能，同时要保证安全系数在允许的范围，使用时严格控制施工荷载。

吊绳系挂前检查工人的身体状态，如果有偶然头疼或感冒等不适，应提前告知安全监督员，保证施工人员安全上岗。同时上岗者施工前后均不得喝酒。

安全绳系挂后，由安全监督员检查安全绳系挂的牢靠程度，保证安全绳正常使用。

施工期间，施工人员不得打电话，其他人员不得打扰施工。施工用的工具随施工人员同上下，并且要系挂牢固。施工过程中，材料、工具不得乱扔和乱弃。

由于是高处作业，施工人员的施工时间应避开高温时段。中午注意休息，保证施工人员精力充沛。

操作绳、安全绳必须分开并扎紧系死，靠沿口处要加垫软物，防止因磨损而断绳，绳子下端一定要接触地面，放绳人同时要系临时安全绳。

施工员上岗前要穿好工作服，戴好安全帽，上岗时要先系安全带，再系保险锁（安全绳上），然后系好卸扣（操作绳上），同时坐板扣子要打紧，固定死。

下绳时，施工负责人和楼上监护人员要给予指挥和帮助。

操作时辅助用具要扎紧扎牢，以防坠落伤人，同时严禁嬉笑打闹和携带其他无关物品。

楼上、地面监护人员要坚守在施工现场，切实履行职责，随时观察操作绳、安全绳的松紧及绞绳、串绳等现象，发现问题及时报告，及时排除。

楼上监护人员不得随意在楼顶边沿上来回走动。需要时，必须先系好自身安全绳，然后进行辅助工作。地面监护人员在管道拆除、安装时不得在施工现场看书看报，更不得随意观赏其他场景，并要随时制止行人进入危险地段及拉绳、甩绳现象发生。操作绳、安全绳需移位、上下时，监护人员及辅助工人要一同协调安置好，不用时需把绳子打好捆紧。

施工员落地时，要先察看一下地面、墙壁的设施，操作绳、安全绳的定位及行人流量的多少情况，待地面监护人员处理、调整、同意后方可缓慢下降，直至地面。

高空作业人员和现场监护人员必须服从施工负责人的统一指挥和统一管理。

工程完成后，按要求及时拆除吊绳，并将工地及周围环境清理整洁，做到工完、料清、场地净。

# 6.7　建筑物钢爬梯安装

## 6.7.1　施工步骤

建筑物钢爬梯安装主要施工步骤为：加工准备→钢梯下料→折边→除锈→总装配→焊接→油漆、编号→成品检验→运输→放线→安装。

## 6.7.2　质量标准

预埋件精确度直接关系到钢爬梯的精度定位和节点处理。采用合理的安装顺序,以清除安装积累误差,确保垂直度。钢结构安装过程中,必须采取切合实际的安全措施,保证人身安全。钢爬梯均采用 Q235B 钢,预埋件与钢梁焊缝为 8 mm。焊缝质量等级为三级。踏步板采用菱形或扁豆形花纹钢板。钢爬梯在焊接时,踏步接头处正面满焊、背面断焊,踏步与钢梁焊缝高度为 5 mm。

## 6.7.3　器械工具、材料及工艺

### 6.7.3.1　器械工具

器械工具包括电焊机、栓钉机、卷扬机、空压机、倒链、滑车、千斤顶、高强度螺栓、电动扳手等。

### 6.7.3.2　各工序注意事项

(1)下料前应对钢材表面质量进行检验,合格后方可投料使用,下料前必须看清、看懂图纸。严格按图施工,确定图纸几何尺寸,预留气割损耗量及焊接收缩量。钢梁下料时采用气焊切割办法。钢爬梯两面带有角度,需要拼接,拼接时一定要双面打坡口,双面焊接。依据图纸、附表,根据不同楼层需求,采用折弯机把钢爬梯踏步原料折成所需尺寸。

(2)除锈。钢结构制作前应进行抛丸除锈,除锈等级要求达到 Sa2.5 级;表面没有可见的油脂、氧化皮、污物、油漆涂层和杂质,残留物痕迹仅显示条纹状的轻微色斑或点状。

(3)总装配。依据图纸进行放大样,把折好边的踏步与钢梁进行组装焊接,焊缝高度为 5 mm。拼接按设计要求采用搭接,正面满焊,背面断焊,焊缝外观几何尺寸按图纸标准本着经济、适用、安全原则,部分踏步采用对接,正面断焊,背面满焊,焊缝外观几何尺寸按图纸标准。

(4)焊接。焊点须满焊,焊缝厚度不应小于 5 mm,钢梁变形应不超过±3 mm。

### 6.7.3.3　处理工艺

(1)对施工的基础确定定位桩点,依据图纸进行室内校算和室外校测。由于本工程施工场地狭小,要结合现场实际进行抄测,确认无误后与土建办理交接手续后方可施测。根据施工现场地面做法,使用水平仪核对高度,确保钢爬梯上皮高度与地面一致。

(2)由于施工现场狭小,加工为成品后,重量大,须采用手拉葫芦人工吊装。

(3)搭设吊装用承重架,要求承重量不小于 1 t,在架子上居中设一吊点,将 2 t 倒链挂在预设吊点上。

(4)结构吊装过程中,须在钢爬梯踏步中间焊接一吊环,以便利用手动葫芦进行吊装,吊装就位后,及时系牢支撑及其他连接构件,保证结构的稳定性。钢梯焊接完成,任务结束,切除吊环。

(5)将钢爬梯吊装就位,然后与墙体埋件焊接(L200×125×12 角钢首先与埋件进行焊接,钢梁与 L200×125×12 角钢焊接,焊缝高度为 8 mm),从下向上安装。

(6)钢爬梯起吊至离地 50 cm 时暂停,检查无误后再继续起吊。安装第一钢梯时,在松开吊钩前初步校正,对准屋架支座中心线或定位轴线就位,调整钢梯垂直度,并检查钢梯侧向弯曲,将钢梯固定构件连接与固定。构件安装采用焊接连接的节点,需检查连接节点,合格后方能进行焊接,连接处焊缝无焊渣、油污,除锈合格后方可涂刷涂料。

(7)安全注意事项。

①进入施工现场必须佩戴安全帽。

②作业人员必须佩戴安全带,并按要求挂于安全节点。电焊工必须戴绝缘手套,穿绝缘鞋,随身佩戴工具袋,严禁工具随手抛掷。

③顶板上部拽拉缆绳的人员,应认真配合下部作业人员,并对缆绳进行安全自锁,以确保安全施工。

④施工现场严禁吸烟,严禁嬉戏、打闹。

⑤施工材料堆码整齐,工具摆放有序,做到安全、文明施工。

# 附　录

## 附录 A　土建日常维护项目使用材料特性表

| 序号 | 材料名称 | 功能及材料特性 | 备注 |
|---|---|---|---|
| 1 | 水泥基柔性防水材料 | 主要成分:水泥;聚合物乳胶类;砂;填料;助剂。<br>产品特点:<br>1. 聚合物改性:加强对各基底的黏结力。<br>2. 透气不渗水:表面透气,可以阻止水蒸气压力的形成,同时又不渗水,防水性能好。<br>3. 柔韧性好:能受轻微振动及不大于 2~3 mm 宽位移(柔韧性防水)。<br>4. 施工简便:由于是水泥型产品,防水层之上可直接铺贴瓷砖,抹灰或油漆。<br>5. 潮湿区域可以施工:由于涂料必须透过水的作用渗透到底材内部,因此潮湿区域可以施工,如混凝土干燥,施工前必须用水淋湿。<br>6. 危险性:非易燃材料,无腐蚀性 | |
| 2 | 聚硫密封胶 | 主要成分:液态聚硫橡胶;增黏树脂;硫化剂;促进剂;补强剂。<br>产品特点:<br>1. 此类密封胶具有优良的耐燃油、液压油、水和各种化学药品性能以及耐热和耐大气老化性能。<br>2. 具有良好的柔软性、低温挠曲性及电绝缘性。<br>3. 对大部分材料都有良好的黏附性。<br>4. 危险性:易燃材料,弱腐蚀性 | |
| 3 | PUA 聚脲弹性涂料 | 主要成分:PUA-355 聚脲弹性涂料是一种由 A 组分和 B 组分混合发生交联反应固化成膜的双组分弹性涂料。<br>产品特点:<br>1. 具有优异的机械力学性能,高强、高延伸,良好的基层黏结性,较好的低温弯折性。<br>2. 具有 100%固含量、不含任何挥发性有机物、无污染、对环境友好的特点,有利于施工环境的保护。<br>3. 危险性:易燃材料,弱腐蚀性 | |

| 序号 | 材料名称 | 功能及材料特性 | 备注 |
|---|---|---|---|
| 4 | 界面处理剂 | 主要成分:多种高分子聚合物;特种水泥。<br>产品特点:<br>1. 黏结强度高,不开裂,可塑性大。<br>2. 适用于各种基材的表面,大大提高相互的黏结力。<br>3. 保水性佳,早期强度高。<br>4. 施工快捷,减小劳动强度和降低成本。<br>5. 薄层施工,不开裂,不空鼓,不脱落。<br>6. 危险性:易燃材料,弱腐蚀性 | |
| 5 | 环氧水泥砂浆 | 主要成分:环氧树脂涂料;精细石英砂。<br>产品特点:<br>1. 化学性能稳定,耐腐耐候性好。<br>2. 固结体具有高黏结力,高抗压强度且不受结构形状限制。<br>3. 具有补强、加固的作用。<br>4. 具有抗渗、抗冻、耐盐、耐碱、耐弱酸腐蚀的性能,并与多种材料的黏结力很强。<br>5. 热膨胀系数与混凝土接近,故不易从这些被黏结的基材上脱开,耐久性好。<br>6. 危险性:不易燃材料,无腐蚀性 | |
| 6 | 裂缝修补胶 | 主要成分:属于双组分改性环氧树脂类胶黏剂。<br>产品特点:<br>1. 改性环氧树脂胶黏剂,初始黏结力高。<br>2. 常温固化,固化速度快且可根据用户要求调整。<br>3. 硬化时基本不收缩,强度高,抗老化及耐介质性好。<br>4. 触变性好,易于涂刮。<br>5. 配比宽松,操作时间易控制。<br>6. 危险性:易燃材料,弱腐蚀性 | |
| 7 | 早强型微膨胀<br>细石混凝土 | 主要成分:早强剂;特种混凝土。<br>产品特点:<br>1. 水泥强度等级较高,主要用于重要结构的高强度混凝土、钢筋混凝土和预应力混凝土工程。<br>2. 凝结硬化较快、抗冻性好,适用于早期强度要求高、凝结快,冬期施工及严寒地区受反复冻融的工程。<br>3. 不宜用于经常与流动软水接触及有水压作用的工程,也不宜用于受海水和矿物等作用的工程。<br>4. 不宜用于大体积混凝土构筑物。<br>5. 危险性:不易燃材料,无腐蚀性 | |

| 序号 | 材料名称 | 功能及材料特性 | 备注 |
|---|---|---|---|
| 8 | M7.5 砂浆 | 主要成分:水泥;细骨料;水;石灰;活性掺和料;外加剂。<br>产品特点:水泥砂浆的抗压强度至少为 7.5 MPa | |
| 9 | M10 砂浆 | 主要成分:水泥;细骨料;水;石灰;活性掺和料;外加剂。<br>产品特点:水泥砂浆的抗压强度至少为 10 MPa | |
| 10 | 慢裂洒布型阳离子乳化沥青 | 主要成分:沥青;乳化剂;水;填料;助剂。<br>产品特点:<br>1. 外观:深棕色黏稠液体,活性物含量≥90%,全溶。<br>2. 具有广泛的乳液-石料配伍性,优异的储存性及良好的拌和性。<br>3. 凝结快:使用过程中可调节拌和及初凝时间,达到快凝快开放交通的效果,能实现 1 h 内开放交通 | |
| 11 | AC-13 细粒式沥青混凝土 | 主要成分:沥青混凝土油石比为 5.6%;矿粉比为 4.5%;3.1~1.5 cm 碎石、0.5~1 cm 碎石、0.3~0.8 cm 碎石及石屑的比例分别为:22%、23%、13%和 42%。<br>产品特点:AC 为密级配沥青混凝土混合料,13 指的是最大公称粒径为 13 mm,用以分类的关键性筛孔为 2.36 mm,关键性筛孔通过率小于 40% | |
| 12 | 水泥稳定碎石土 | 主要成分:水泥;碎石;土。三者的质量比为 6∶30∶64 | |
| 13 | 三七灰土 | 主要成分:土;灰。<br>粒径要求:土的粒径不得大于 15 mm;灰粒不得大于 5 mm。须拌和均匀,并控制最佳含水率作为灰土的含水标准 | |
| 14 | 防滑青石板 | 主要成分:碳酸钙及黏土、氧化硅、氧化镁等。<br>产品特点:青石板质地密实,强度中等,易于加工,可采用简单工艺凿割成薄板或条形材,是理想的建筑装饰材料。青石板材是一种新型的高级装饰材料,纯天然无污染无辐射、质地优良、经久耐用、价廉物美 | |
| 15 | SBS 防水卷材 | 热塑性弹性体作改性剂的沥青可用作浸渍和涂盖材料,上表面覆以聚乙烯膜、细砂、矿物片(粒)料或铝箔、铜箔等隔离材料所制成的可以卷曲的片状防水卷材。参考用量:涂料 2.3~2.5 kg/m (厚度为 1.5 mm),基层处理剂 0.2 kg/m | |

| 序号 | 材料名称 | 功能及材料特性 | 备注 |
|---|---|---|---|
| 16 | 冷底子油 | 用稀释剂(汽油、柴油、煤油、苯等)对沥青进行稀释的产物。冷底子油应涂刷于干燥的基面上,不宜在有雨、雾、露的环境中施工,通常要求与冷底子油相接触的水泥砂浆的含水率<10% | |
| 17 | 抗裂砂浆 | 由聚合物乳液和外加剂制成的抗裂剂、水泥和砂按一定比例加水搅拌制成能满足一定变形而保持不开裂的砂浆。施用量:3~5 kg/m² | |
| 18 | 真石漆 | 由三部分组成:抗碱封底漆、真石漆中间层和罩面漆。采用划圈法,距离 30~40 cm,以半径约 15 cm 横向划圈喷涂,并不时上下抖动喷枪,这样喷速度快而均匀,且易控制,如果采用一排一排的方式重叠喷涂,速度慢,上下交接处难控制均匀,将影响外观,造成涂料缺陷。在喷涂时,覆盖不够均匀或者太厚,在涂层表面成膜后出现裂缝,甚至若干个星期后出现裂缝,这种情况就要具体分析。除了施工时注意喷涂方法外,必要时应改变配方,重新试制 | |
| 19 | 乳胶漆 | 以丙烯酸酯共聚乳液为代表的一大类合成树脂乳液涂料。抗污乳胶漆是具有一定抗污功能的乳胶漆,对一些水溶性污渍,例如水性笔、手印、铅笔等都能轻易擦掉,一些油渍也能沾上清洁剂擦掉,但对一些化学性物质如化学墨汁等,就不会擦到恢复原样,只是耐污性好些,具有一定的抗污作用,不是绝对的抗污 | |
| 20 | 水泥砂浆 | 砂浆选择 M10 水泥砂浆,拌制水泥砂浆的水泥、砂、水等的质量应当符合《水工混凝土施工规范》(DL/T 5144—2015)的规定,天然砂中含泥量应当低于 5%,人工砂中石粉含量应当低于 12%;砂质量要求料径为 0.15~5 mm,细度模数为 2.5~3.0,砌筑毛石砂浆的砂,其最大颗粒不大于 5 mm | |
| 21 | 沥青 | 沥青型号采用 130#A 级,针入度(25 ℃,5 s,100 g)为 120~140 mm,沥青的软化点为≥40 ℃,10 ℃延度不小于 50 cm,蜡含量(蒸馏法)不大于 2.2%。乳化沥青应具有良好的弹性、流动性和黏结力 | |
| 22 | 反光漆 | 无结块、结皮现象,易于搅匀,反光漆在水中浸湿 24 h 无异常现象。该漆干燥快速,施工后交通开放快,漆膜清晰可见度高,对沥青路面不渗色,耐候性好,附着力好 | |

# 附录 B  土建日常维护项目常用设备及工器具示例图

设备工器具编号:B.1

| 名称:蛙式打夯机 | 规格型号或功率:HW-40/60/80 型 |
| --- | --- |

主要维护内容:边坡维护、土方回填夯实

示例图:

设备工器具编号:B.2

| 名称:冲击夯 | 规格型号或功率:HCD70/80/90/100 型 |
| --- | --- |

主要维护内容:边坡维护、土方回填夯实

示例图:

| 设备工器具编号:B.3 | |
|---|---|
| 名称:水泥砂浆搅拌机 | 规格型号或功率:全爬 jzc400 350 型 |
| 主要维护内容:混凝土建筑物维修 | |

示例图:

| 设备工器具编号:B.4 | |
|---|---|
| 名称:抹泥刀 | 规格型号或功率:规格 280 mm×115 mm |
| 主要维护内容:混凝土建筑物维修 | |

示例图:

设备工器具编号:B.5

| 名称:油灰刀 | 规格型号或功率:规格 200 mm×75 mm |
| --- | --- |

主要维护内容:混凝土建筑物维修

示例图:

设备工器具编号:B.6

| 名称:钢丝刷 | 规格型号或功率:规格 6×14 孔,钢丝材质 304 不锈钢丝 |
| --- | --- |

主要维护内容:清理混凝土碎渣、老旧漆面

示例图:

设备工器具编号:B.7

| 名称:毛刷 | 规格型号或功率:宽度规格 5 cm |
|---|---|

主要维护内容:清理混凝土碎渣、浮灰

示例图:

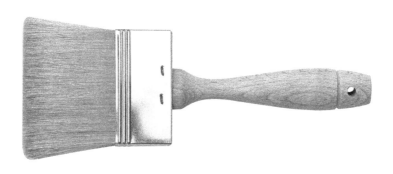

设备工器具编号:B.8

| 名称:扁凿 | 规格型号或功率:方柄 14 mm×160 mm 扁形凿 |
|---|---|

主要维护内容:凿除清理混凝土破损部位

示例图:

设备工器具编号:B.9

| 名称:灌浆器 | 规格型号或功率:规格长 500 mm |
|---|---|

主要维护内容:修补混凝土裂缝

示例图:

设备工器具编号:B.10

| 名称:振捣器 | 规格型号或功率:40 铬钢材质、直径 38 mm 振动棒搭配 1.5 kW 振动器 |
|---|---|

主要维护内容:振捣新浇筑的混凝土

示例图:

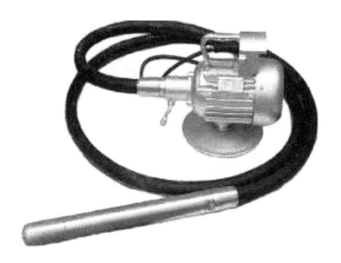

设备工器具编号:B.11

| 名称:打磨机 | 规格型号或功率:BH180 |
|---|---|
| 主要维护内容:打磨修补后的混凝土表面 | |

示例图:

设备工器具编号:B.12

| 名称:嵌缝枪 | 规格型号或功率:尺寸 400 mm |
|---|---|
| 主要维护内容:缝内填筑胶体 | |

示例图:

设备工器具编号:B. 13

| 名称:角磨机 | 规格型号或功率:直径 125 mm(5 寸) |
|---|---|

主要维护内容:打磨建筑物上的废旧材料、污渍

示例图:

设备工器具编号:B. 14

| 名称:洋镐 | 规格型号或功率:柄长≥50 cm |
|---|---|

主要维护内容:砌石维护、边坡维护

示例图:

设备工器具编号:B.15

| 名称:喷壶 | 规格型号或功率:2 L |
|---|---|

主要维护内容:砌石维护、护坡维护

示例图:

设备工器具编号:B.16

| 名称:木槌 | 规格型号或功率:柄长≥50 cm |
|---|---|

主要维护内容:砌石维护、边坡维护

示例图:

设备工器具编号:B. 17

| 名称:高压吹风机 | 规格型号或功率:UMS-C002/HS-5009FJ |
|---|---|

主要维护内容:具有吹吸功能,快速清理缝隙中的灰尘及细小碎石

示例图:

设备工器具编号:B. 18

| 名称:细颈漏斗 | 规格型号或功率:下口宽度≤2 cm |
|---|---|

主要维护内容:灌乳化沥青路面,5 mm 以内的路面横向裂缝、纵向裂缝

示例图:

1.5 cm

设备工器具编号:B.19

| 名称:刮刀 | 规格型号或功率:13 cm≤锋刃≤21 cm |
|---|---|

主要维护内容:切割沟槽,修整砂坯、软硬砂床及沥青

示例图:

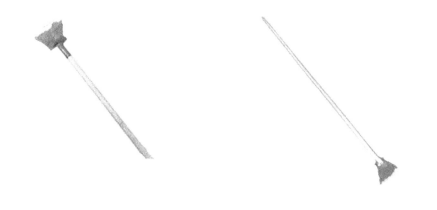

木柄　　　　　　　　　　　　　　　钢柄

设备工器具编号:B.20

| 名称:铁锹 | 规格型号或功率:锋刃为圆头,柄长≥50 cm |
|---|---|

主要维护内容:拌制泥浆、混凝土,铲去废渣废料

示例图:

| 设备工器具编号：B.21 | |
|---|---|
| 名称：振捣器 | 规格型号或功率：1 750 W/1 800 W |
| 主要维护内容：排除沥青中气泡，进行捣固，使沥青密实结合 | |

示例图：

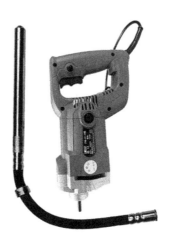

| 设备工器具编号：B.22 | |
|---|---|
| 名称：切割机 | 规格型号或功率：Z1E-DS3-110/Z1E-TF-110 |
| 主要维护内容：对损坏的沥青路面进行切割 | |

示例图：

设备工器具编号:B.23

| 名称:铣刨机 | 规格型号或功率:250 型 |
| --- | --- |

主要维护内容:沥青混凝土面层的开挖翻新,清除路面壅包、油浪、网纹、车辙等缺陷,还可用来开挖路面坑槽及沟槽

示例图:

设备工器具编号:B.24

| 名称:沥青灌缝机 | 规格型号或功率:CQM-100/SZZGF-60/SGF-60 |
| --- | --- |

主要维护内容:用于沥青路面表面缝隙处理

示例图:

设备工器具编号:B.25

| 名称:烘干机 | 规格型号或功率:E009/9 kW　BGO-20A-16-F |

主要维护内容:清除水分,保持沥青缝隙干燥

示例图:

设备工器具编号:B.26

| 名称:铁锤 | 规格型号或功率:3-4 磅八角铁锤 |

主要维护内容:配合扁凿去除风化、破损、松动的台阶砖块和水泥

示例图:

设备工器具编号:B.27

| 名称:滚筒刷 | 规格型号或功率:T0103135 滚筒刷 |

主要维护内容:去除路面污染后刷乳化沥青

示例图:

设备工器具编号:B.28

| 名称:高压水枪清洗机 | 规格型号或功率:1511 型/9100 型　　(2 200 W) |

主要维护内容:去除路面污染、浮尘、碎屑

示例图:

设备工器具编号:B.29

| 名称:汽油喷灯 | 规格型号或功率:2.5 L、3.0 L、3.5 L |
|---|---|

主要维护内容:闸室防水维护

示例图:

设备工器具编号:B.30

| 名称:乙炔喷火枪 | 规格型号或功率:50 型、63 型 |
|---|---|

主要维护内容:闸室防水维护

示例图:

设备工器具编号:B.31

名称:395 高压无气喷涂机　　　　规格型号或功率:1 800 W

主要维护内容:闸室内外墙喷涂

示例图:

设备工器具编号:B.32

名称:电焊机　　　　规格型号或功率:315H 双电压

主要维护内容:钢大门、永久标识等

示例图:

设备工器具编号:B.33

| 名称:汽油发电机 | 规格型号或功率:6 kW |
| --- | --- |
| 主要维护内容:钢大门、永久标牌等 | |

示例图:

设备工器具编号:B.34

| 名称:手电钻 | 规格型号或功率:500 W |
| --- | --- |
| 主要维护内容:拧螺丝、钻金属等 | |

示例图:

| 设备工器具编号:B.35 | |
|---|---|
| 名称:风枪 | 规格型号或功率:通用型 |
| 主要维护内容:截流沟修复、路缘石修复、排水沟修复、安全防护网修复 | |

示例图:

| 设备工器具编号:B.36 | |
|---|---|
| 名称:勾缝器 | 规格型号或功率:长 15 cm |
| 主要维护内容:砌石维护、边坡维护 | |

示例图:

# 附录 C　土建日常维护项目现场维护作业图示

| 维护项目 | 混凝土衬砌板表面裂缝处理 |
|---|---|
| 基面处理:用钢丝刷和毛刷分别清理缝隙两边 10 cm 的面板表层,除去浮灰、浮浆、杂物等,冲洗干净 |  |
| 混凝土裂缝表面直接涂刷水泥砂浆,涂刷范围为裂缝两侧各 10 cm,厚度约 1 mm |  |
| 水泥砂浆喷洒水雾养护,保持涂层湿润,养护 3 d 以上 |  |

| 维护项目 | 混凝土衬砌板裂缝凿槽嵌缝注胶处理 |
|---|---|
| 沿裂缝方向凿成一个宽 1.0~1.5 cm 的"U"形槽沟,槽深为槽宽的 1.5 倍,且应不小于 2 cm,凿槽尽量相对平顺 |  |
| 将混合好的双组分底涂液涂刷在被粘表面上,干燥成膜 |  |
| 将双组分聚硫密封胶嵌入缝道中间,注胶时,应该压实,填平密封处,防止气泡混入。每条裂缝的灌注工作应连续 |  |

| 维护项目 | 钢筋混凝土衬砌板裂缝表面封闭维修 |
|---|---|
| 裂缝表面清理,用钢刷对裂缝两侧各 5 cm 范围进行打磨,用毛刷再除去打磨后表面的浮尘,要求清理后的表面无浮尘、无杂质 |  |
| PUA 聚脲弹性涂料刮抹分 2 道进行,2 道涂层应横竖交替进行,第 1 道涂层完成后 4~5 h 可进行第 2 道涂层的施工 |  |
| 施工结束后及时清理工作面残留的多余涂料,待涂料完全凝固后对其宽度进行检查,切割较宽部位的多余涂料,保持分缝宽度一致 |  |

| 维护项目 | 钢筋混凝土衬砌板裂缝先灌浆后再封闭处理 |
|---|---|
| 用钢刷对裂缝的表面进行清理,清理宽度为裂缝两侧各5 cm,再用毛刷清理表面,要求无浮尘、无杂质 |  |
| 可单点灌注也可采用多点同时灌注,应自下而上进行。灌浆压力一般为0.3~0.5 MPa,直至不再有浆液灌入,停浆5 min后停止灌浆 |  |
| 灌浆结束48 h后可除去灌浆盒,清理完成后再用PUA聚脲弹性涂料进行表面处理 |  |

| 维护项目 | 混凝土表面破损处理 |
|---|---|
| 施工前,首先将表面存在剥蚀、麻面等缺陷的不符合要求部位的混凝土凿除至坚硬的混凝土面,凿除深度不小于 0.7 cm |  |
| 用清水冲洗干净,在施工前 1 h 要使修补面处于饱和状态,不应有积水 |  |
| 拌制好环氧砂浆后,先对修补面进行水泥净浆打底,摊铺丙乳砂浆后向同一方向压抹,保证表面密实 |  |

| 维护项目 | 建筑物混凝土表面轻微损坏维修 |
|---|---|
| 施工前,首先将表面存在剥蚀的部位清理干净,为使修补面边缘与混凝土有良好的结合,修补面均应凿成毛面 |  |
| 先用界面剂在混凝土面上进行涂抹打底,再摊铺环氧砂浆,摊铺时向同一方向压抹,保证表面密实。厚度较大时分层抹压 |  |
| 环氧砂浆表面略干后喷雾养护,终凝后洒水养护,持续7 d以上,注意遮阳、保湿 |  |

| 维护项目 | 聚硫密封胶修复处理 |
|---|---|
| 混凝土伸缩缝两侧粘贴胶带纸做防污条,预贴的胶带纸在聚硫密封胶整形后立即揭去 | 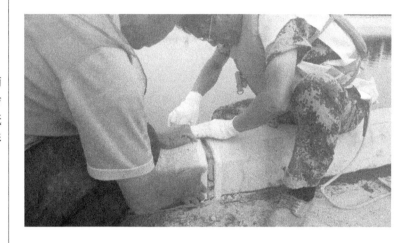 |
| 底层涂料涂刷采用大小合适的刷子,刷子用后用溶剂洗净,底部涂刷材料固化后即可嵌填聚硫密封胶 |  |
| 聚硫密封胶施工采用冷嵌法,嵌缝枪和腻子刀均可嵌填,嵌填的要点是防止形成气泡及孔洞,连续饱满 | 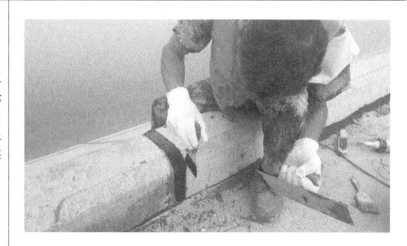 |

| 维护项目 | 干砌石局部松动修复 |
|---|---|
| 拆除松动块石:将松动部位块石拆除,放到边上备用 |  |
| 整理基面,平整松动块石下方基础 |  |
| 重新砌筑,将拆除块石重新放到原位置,达到表面平顺、砌石紧密 |  |

| 维护项目 | 浆砌石勾缝砂浆开裂、脱落处理 |
|---|---|
| 将缝内开裂、脱落砂浆剔除，清理凹槽内的杂物 |  |
| 填缝前先用水将缝湿润，采用 M10 砂浆填塞至与石头面平齐 |  |
| 当缝填满后，清除高出石面的多余砂浆，避免形成皮带缝，然后压槽勾缝，勾缝要线条流畅 |  |

| 维护项目 | 边坡雨淋沟修复处理 |
|---|---|
| 清除损害部位松散土至未扰动土基面 |  |
| 结合开挖土并选择合格土体进行回填,回填厚度不超过 15 cm,保证回填土与周围土体的有效结合 |  |
| 采用蛙夯或气夯夯实,自下而上分层回填,分层厚度不超过 15 cm,土块直径不大于 5 cm,夯击 6 遍以上 |  |

| 维护项目 | 预制混凝土块损坏更换维护处理 |
|---|---|
| 清理基面:清除滑塌、错位、沉陷部位的混凝土框格及杂土 |  |
| 取合格土料,回填边坡滑塌、沉陷部位,回填厚度 15 cm,人工摊铺找平 |  |
| 坡面洒水,清除杂物,将混凝土框格自下而上平铺,连成一体,平整、美观 |  |

| 维护项目 | 沥青混凝土路面裂缝处理 |
|---|---|
| 用高压吹风机和钢丝刷清除缝中碎屑,确保缝隙处无杂物 | 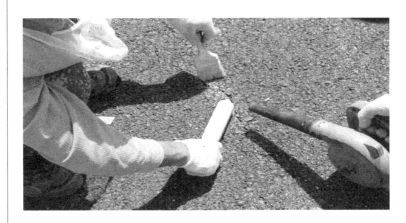 |
| 填筑细砂石,最大粒径在 5 mm 以内,连续级配,填筑时预留填充深度 3 cm,随后用细颈漏斗将乳化沥青滴灌入缝内 |  |
| 对于现场不合格的灌缝沥青,及时在冷却前用铁锹和刮刀清除,并将边缘处理整齐 |  |

| 维护项目 | 沥青混凝土路面拆除重新铺筑 |
|---|---|
| 铺设 5 cm 厚 AC-13 细粒式沥青混凝土路面 |  |
| 摊铺机匀速行驶不间断,以减少波浪和施工缝 |  |
| 摊铺机和压路机相互配合,铺筑和碾压在缓慢、均匀、连续不断的条件下进行 |  |

| 维护项目 | 砖砌巡视台阶修复 |
|---|---|
| 用扁凿配合铁锤清除砖块缺失或松动部位,并用毛刷清扫碎屑,损坏部件和碎渣应统一收集清除,严禁随意丢弃 |  |
| 砌筑砖体前应提前浸水,避免干砖吸收水泥中的水分,浸水应浸至不冒泡为止 | 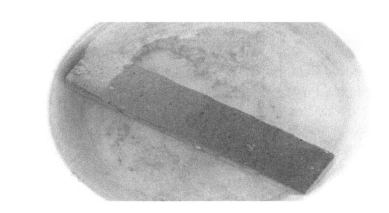 |
| 用 M7.5 砂浆砌筑,砌筑过程中严禁踩踏台阶 |  |

| 维护项目 | 青石板道路维修 |
|---|---|
| 找出巡视步道控制线（中心线或边线），间隔 5~10 m 放一块砖作为控制点，保证直线段平直，弯道段弧线平顺 |  |
| 清理坡脚腐殖土和杂物，保证干净平整，之后采取人力或机械方式压实，保证基础的密实度 |  |
| 铺设防滑青石板，铺设前应对青石板进行挑选，有明显缺陷、严重损坏的严禁使用，铺设后表面应平整 |  |

| 维护项目 | 透水砖道路维修 |
|---|---|
| 铺设垫层,铺设 60 mm 厚中砂,垫层砂应为半干砂 |  |
| 透水砖铺设:在铺设时,应根据设计图案铺设透水砖,铺设时应轻轻平放,用橡胶锤锤打稳定,但不得损伤砖的边角 |  |
| 洒水养护 2~3 d,其间不得扰动已经铺装的透水砖,撒细中砂扫缝 |  |

| 维护项目 | 混凝土防撞墩更换 |
|---|---|
| 混凝土垫层找平，当路缘石两侧水平高度不一致时，采用M15砂浆找平，严格控制砂浆表面平整度 |  |
| 安装预制防撞墩，使用汽车吊安装预制混凝土防撞墩，人工利用撬棍微移安装到位，确保垂直度及接缝符合规范要求 |  |
| 安装连接钢管，连接钢管必须同预制混凝土防撞墩同时安装，连接钢管应贯穿防撞墩，避免左右移动 |  |

| 维护项目 | 路缘石破损修复 |
|---|---|
| 利用钢丝刷人工清除路缘石裂缝中杂质、浮渣及轻微破损部分等 |  |
| 使用泥抹子将搅拌好的砂浆均匀地在破损部位填平 |  |
| 修复完好的路缘石应用地膜覆盖,避免污染,在此期间严防机械碰撞 |  |

| 维护项目 | 路缘石更换修复 |
|---|---|
| 利用洋镐、撬棍拆除破碎、断裂路缘石,翻挖后应填补、整平,翻挖时注意避免破坏道路面层 |  |
| 铺放无裂缝、无风化的石料,路缘石要求规格为 50 cm × 12 cm×30 cm |  |
| 铺放完成后对两侧缝隙进行干砂浆填缝,然后采用沥青灌封填充 |  |

| 维护项目 | 警示柱刷漆修复 |
|---|---|
| 警示柱轻微破损修复时,清除警示柱风化、破损部分,除灰、打磨、擦洗干净 |  |
| 警示柱用腻子粉满刮腻子一遍后,打磨光滑 |  |
| 警示柱顶部刷油漆。警示柱断面为等边六棱体,边长6 cm,高度为35 cm;刷红白相间反光漆,色带均匀,间隔10 cm |  |

| 维护项目 | 防护网底部硬化维修 |
| --- | --- |
| 清理基础:清理杂草、松散土和碎石,清理宽度超宽 10 cm |  |
| 基础平整:通过填土、挖土,找平,人工进行夯实,表面平整 |  |
| 浇筑砂浆:支模板,两侧各浇筑宽30 cm、厚 5 cm 的M10 砂浆,宽度可根据现场情况适当调整 |  |

| 维护项目 | 刺丝滚笼施工 |
|---|---|
| 刺丝滚笼采用刀片刺绳绕圈后，相邻两圈每隔 120° 用刺丝连接卡固定，张开后形成蛇腹网状，每交叉圈安装间距 20 cm |  |
| 刺丝滚笼由刺丝连接卡扣与固定在支架上的纵向拉筋相连接。纵向拉筋与支架的连接采用 Φ 2.5 mm 的不锈钢丝绕 2 圈后拧紧固定 |  |
| 安装刺丝滚笼时一定要做到"严直齐美、间距均匀"，美观和防护双结合 |  |

| 维护项目 | 屋顶防水维修 |
|---|---|
| 基层清理:彻底清扫基层表面杂物及灰尘,并涂刷冷底子油 |  |
| 面层涂刷冷底子油一道,小面积或细部可用毛刷蘸油涂刷,涂刷要求均匀一致,不得有露白见底等现象存在 |  |
| 手扶卷材两端向前缓缓滚动铺设,要求用力均匀、不窝气,铺设压边宽度应掌握好。上下两层卷材错开 1/3 幅宽 |  |

| 维护项目 | 外墙真石漆施工 |
|---|---|
| 抹灰墙面要干燥，基层含水率 8%，然后进行饰面刮腻子处理，刮完腻子的饰面不得有裂缝、孔洞、凹陷等缺陷 |  |
| 为提高真石漆的附着力，应在基础表面涂刷一遍封底漆。封底漆用滚筒滚涂或用喷枪喷涂均可，涂刷一定要均匀，不得漏刷 |  |
| 喷涂前应将真石漆搅拌均匀，装在专用的喷枪内，然后进行喷涂，喷涂应按从上往下，从左往右顺序进行，不得漏喷 |  |

| 维护项目 | 墙面起皮脱落维修 |
|---|---|
| 　基层要求必须平整坚固。不得有粉化、起砂、空鼓、脱落等现象。基层不平和坑洼面应该配套腻子刮平 |  |
| 　刮腻子后,总有些高低不平,或者基层不是很平整的面。这个时候,需要砂纸出动,进行手工打磨,修复 |  |
| 　乳胶漆作业时,踢脚线、门、设备、角线等交接部分,最好用分色纸贴上,以免染色,完毕后才撕开 |  |

| 维护项目 | 外墙瓷砖维修 |
|---|---|
| 拆除损坏的外墙瓷砖,粘贴前先洒水湿润墙面,要求基层保持外干内湿,表面无明水 |  |
| 一般采用单面粘贴法,即在面砖背面刮涂黏合剂,将面砖直接粘贴至墙面上,压紧压实,粘贴厚度为 3~4 mm,一般用量为 5~6 kg/m² |  |
| 施工环境温度应在 5~35 ℃,雨、雪天不得进行粘贴施工,施工好的材料 24 h 内应避免淋雨 |  |

# 参 考 文 献

[1] 丁尔俊,胡翔,冯晓红.现代水利施工技术与工程治理[M].哈尔滨:东北林业大学出版社,2017.

[2] 鲁杨明,赵铁斌,赵峰.水利水电工程建设与施工安全[M].海口:南方出版社,2018.

[3] 苗兴皓,高峰.水利工程施工技术[M].北京:中国环境出版社,2017.

[4] 侍克斌.水利工程施工[M].北京:中国水利水电出版社,2009.

[5] 刘勇毅,孙显利,尹正平.现代水利工程治理[M].济南:山东科学技术出版社,2016.

[6] 王海雷,王力,李忠才.水利工程管理与施工技术[M].北京:九州出版社,2018.

[7] 王文斌.水利水文工程与生态环境[M].长春:吉林科学技术出版社,2018.

[8] 郭秦渭,韩春秀,裴利剑.水工建筑物[M].重庆:重庆大学出版社,2014.

[9] 张亮.新时期水利工程与生态环境保护研究[M].北京:中国水利水电出版社,2019.

[10] 王怀冲,单建军.水利工程维修养护施工工艺[M].北京:中国水利水电出版社,2019.

[11] 候鸿飞.水利工程施工与质量控制简析[M].郑州:黄河水利出版社,2009.

[12] 姜弘道.水利概论[M].北京:中国水利水电出版社,2010.